BIBLIOTHÈQUE DES ACTUALITÉS INDUSTRIELLES. — N° 100

Georges FRANCHE
INGÉNIEUR-MÉCANICIEN
A. & M. — E. C. P.

Manuel de L'Ouvrier Mécanicien

SEPTIÈME PARTIE

Moteurs fixes à Gaz et Pétrole

PARIS

Librairie Bernard TIGNOL

PUBLICATIONS DE LA

LIBRAIRIE de l'ÉCOLE CENTRALE des ARTS et MANUFACTURES

53 bis, quai des Grands-Augustins

MANUEL

DE

L'OUVRIER MÉCANICIEN

VII

MOTEURS FIXES A GAZ ET PÉTROLE

MANUEL

DE

L'OUVRIER MÉCANICIEN

PAR

Georges FRANCHE

Ingénieur-mécanicien. — Arts et métiers. — École Centrale des arts et manufactures.
Agent technique de l'Office National de la Propriété industrielle.

8 VOLUMES IN-16, CARTONNÉS, DOS TOILE
PRIX : 15 FRANCS

ON VEND SÉPARÉMENT

ÉMILE COLIN, IMPRIMERIE DE LAGNY (S.-ET-M.)

BIBLIOTHÈQUE DES ACTUALITÉS INDUSTRIELLES N° 100.

MANUEL

DE

L'OUVRIER MÉCANICIEN

SEPTIÈME PARTIE

MOTEURS FIXES A GAZ ET PÉTROLE

PAR

Georges FRANCHE

(A. et M.) Ingénieur-Mécanicien. (E. C. P.)
Agent technique de l'Office national
de la Propriété Industrielle.

FIGURES 701 A 801

PARIS

LIBRAIRIE BERNARD TIGNOL
PUBLICATIONS DE LA
Librairie de l'École Centrale des Arts et Manufactures
53 *bis*, QUAI DES GRANDS-AUGUSTINS, 53 *bis*

MOTEURS FIXES A GAZ

CHAPITRE PREMIER

HISTORIQUE

Les moteurs dits : à gaz, à pétrole, à alcool, etc., connus sous le nom générique de **moteurs à mélanges tonnants**, peuvent être considérés comme appartenant au même groupe que les anciens moteurs à explosion, dont la première invention semble remonter à l'abbé **Hautefeuille** (1680), précédant de peu **Huyghens**.

Ces premières machines étaient basées sur la force développée par l'explosion de la poudre à canon ; mais, bien que l'une d'elles, tout au moins, eût été présentée à Colbert, sous le titre de *machine atmosphérique*, elles ne constituèrent assez longtemps que des sortes d'appareils de curiosité sans aucune valeur pratique.

Néanmoins, les recherches dont elles furent l'objet, lors de ces essais lointains, au point de vue du perfectionnement des mécanismes ou du fonctionnement, bénéficièrent sans conteste à la *machine à vapeur* proprement dite, dont Watt devait, un peu plus tard, poursuivre si loin le développement.

VII. — *Moteurs fixes à gaz.*

En 1791, il est pris au nom de **John Barber** une patente où est proposée la première application des machines à *combustion lente* ; cet inventeur cherchait à utiliser la force expansive de l'air dilaté en mélangeant deux jets d'air et de gaz carburés, qu'il enflammait à l'entrée d'un *vaisseau à explosion*.

Presque à la même époque, en 1794, **Robert Street** imagine de faire tomber, sur le fond du cylindre, de l'huile de pétrole, de la térébenthine ou d'autres matières susceptibles de se répandre en vapeurs.

Vers 1792, **Lebon** avait, on le sait, inventé le gaz d'éclairage, et il est curieux de trouver, dans une addition à son brevet prise en 1801, la description d'un véritable moteur à gaz comprenant, en particulier, *compression du mélange* avant explosion.

De nombreuses et infructueuses tentatives eurent lieu ensuite jusqu'en 1860 sans faire avancer beaucoup la question ; on n'en signale, en tous cas, aucune application industrielle ; ajoutons que ces divers insuccès ont néanmoins laissé le souvenir de mécanismes souvent fort ingénieux.

En 1861, deux machines de **M. Lenoir**, exécutées par Marinoni et imitées des machines à vapeur à double effet, avec détente à moitié course et sans compression, furent présentées au Conservatoire des Arts et Métiers, où Tresca en fit les essais.

Elles consommaient environ, par cheval-heure, 3 mètres cubes de gaz, auxquels étaient mélangés 30 à 35 mètres cubes d'air ; on enflammait le mélange à l'aide de l'étincelle électrique.

Elles s'arrêtaient facilement, nécessitaient un graissage fréquent et dispendieux, et laissaient s'échapper par les tiroirs dont elles étaient pourvues les gaz de la combustion à une assez haute température, pensait-on (280 degrés), supérieure à celle de la fusion de la soudure des plombiers.

Toute rudimentaire qu'elle se présentât, le grand mérite de la machine Lenoir fut de satisfaire à une question fort à l'ordre du jour, à cette époque, en résolvant partiellement le problème de l'utilisation des calories contenues dans le gaz, récemment mis à la disposition de tous; l'invention et le moteur passèrent, dès lors, dans la pratique.

En effet, presque coup sur coup, divers inventeurs en améliorèrent très sensiblement le rendement : *Hugon*, par exemple, de la Cie du Gaz, imagina d'injecter, à l'intérieur du cylindre, une certaine quantité d'eau qui se volatilisait aux dépens de la chaleur des parois et dont la force expansive s'ajoutait, d'autre part, à celle de l'explosion.

La consommation s'abaissa de ce fait à 2 mc.500, et la température du gaz à 186 degrés.

Enfin, en 1862, **Beau de Rochas** fit paraître son mémoire, recueil de recherches plutôt abstraites, où il ne traitrait, pour ainsi dire, qu'incidemment du *cycle* auquel il a donné son nom, et que, par la suite, tous les constructeurs devaient mettre à profit, dans un but exclusivement commercial et sans le moindre souci de la forme scientifique et générale adoptée par l'auteur.

Certaines communications, toutes récentes, permettent de croire que, sans aucunement connaître cette brochure, **Otto** (de Deutz) imagina de son côté et appliqua aux machines de sa construction le même *cycle*, vers cette même date.

Le mémoire (ou le brevet, si l'on veut) de Beau de Rochas recommandait d'adopter pour le cylindre, ayant un volume donné, la forme du minimum de surface périphérique et, pour le piston, la plus grande vitesse possible; puis encore : de prolonger la détente autant qu'on pouvait et de partir d'une forte pression initiale du mélange explosif. Il proposait, en résumé, le *cycle à 4 temps*, employé aujourd'hui si fréquemment, pour 2 tours de l'arbre :

1° *Aspiration* du mélange, pendant une course entière ;

2° *Compression* de ce mélange aspiré, pendant la course suivante ;

3° *Inflammation* au point mort et *Détente*, pendant la troisième course ;

4° *Refoulement* des gaz brûlés, pour les expulser du cylindre, pendant la quatrième course, en retour.

Nous reviendrons en détail sur ces différentes phases ; ce que nous devons retenir ici, c'est que la collaboration d'Otto et de Langen, en 1864, dota l'industrie d'un moteur basé sur ces principes nouveaux, et qui eut bientôt la vogue. Il se composait d'un cylindre à simple effet, très long par rapport à son diamètre, où l'on utilisait la force vive communiquée au piston.

La consommation en était réduite à 2 mètres cubes par cheval-heure ; mais il comportait des crémaillères, des mécanismes très compliqués où se produisaient des ruptures ; cet ensemble faisait un bruit infernal, sourd et pénétrant, comparable à un véritable ferraillement.

Les premiers bons moteurs d'Otto ne datent que de 1876, mais ne firent leur apparition qu'à l'Exposition de 1878, en même temps que le *Bisschop*.

Depuis, sous le prétexte de l'antériorité du brevet (?) de Beau de Rochas, le modèle d'Otto fut copié ou tout au moins modifié par de nombreux constructeurs qui ne lui firent subir, souvent, que des changements de détails très secondaires.

Quant au *moteur à pétrole* (ou à hydrocarbures), le premier brevet qui y ait rapport date de 1873 (*Hock*, de Vienne) ; on obtenait un mélange explosif en faisant traverser un hydrocarbure léger à un courant d'air ; néanmoins, il faut signaler dans ce bref historique que l'emploi du pétrole dans les moteurs à explosion avait déjà été

Fig. 701.

tenté par Lenoir vers 1864, pour un MOTEUR A ESSENCE actionnant une VOITURE AUTOMOBILE.

Selon certains auteurs, ce serait à *Brayton*, ingénieur américain, que l'on devrait attribuer la conception du premier moteur à pétrole d'une certaine puissance.

Le moteur Bisschop (fig. 701), contemporain du moteur Otto transformé, fut longtemps la machine rustique par excellence; il ne nécessite pas d'eau de refroidissement; il fonctionne en utilisant l'explosion dans la course ascendante et la pression atmosphérique à la descente, car il s'est produit un vide sous le piston; c'est, en un mot, une manière de cycle à 2 temps.

Puis, en 1883, apparaît un nouveau moteur Lenoir où sont mises à profit toutes les découvertes antérieures; mais, en outre, on y emploie des soupapes, avec allumage électrique, et un régulateur y commande l'admission du gaz.

Il est à noter ici que la machine à gaz, vulgarisée, nous le répétons, par Lenoir, car, avant lui, elle existait bien mais ne marchait pas, a consommé de moins en moins, au fur et à mesure de ses transformations répétées. De 3 mètres cubes de gaz qui étaient nécessaires au début, on descendit à 1 mètre cube en 1878, puis à 700 ou 800 litres en 1889 et, enfin, à 400 à 600 litres, aujourd'hui, par cheval-heure.

De même, le prix du kilogrammètre a atteint un minimum que l'on n'aurait jamais osé même supposer, avant l'utilisation, pour la force motrice, des gaz perdus, tels que ceux des hauts fourneaux, ou des gaz spéciaux produits dans des gazogènes.

Cela tient à ce que la qualité la plus remarquable de ce genre de moteurs est de transformer les calories dégagées par la combustion beaucoup mieux que la machine à vapeur, compliquée d'une chaudière où les calories ont beaucoup plus de chances de s'éparpiller inutilement, sans compter d'autres avantages; son rendement calorifique est donc bien supérieur.

Le premier essai pour faire usage de gaz pauvres est celui de **Trébouillet**, en 1862; il n'eut pas de suite immédiate et, seulement en 1878, **Dowson** reprit l'idée et fabriqua le gaz à l'eau. Nous dirons simplement ici, à ce propos, que ce gaz est un mélange d'hydrogène et d'oxyde de carbone, mélange obtenu en faisant passer un courant de vapeur d'eau sur du coke incandescent et que l'on enrichit ensuite en le carburant.

Tout récemment enfin, on a obtenu directement, avec les gaz des hauts fourneaux (ou perdus ou incomplètement utilisés jusqu'alors et encore plus pauvres que ceux des gazogènes), mélangés à l'air et fortement comprimés, une combinaison qui fait récupérer, sous forme de travail produit par l'explosion, une quantité énorme de calories autrefois sans usage.

Il existe en effet aujourd'hui des types où 1.000 chevaux et plus sont produits dans un seul cylindre, amenant dans ces conditions le cheval-vapeur à ne coûter que quelques centimes.

Principaux avantages des moteurs. — Depuis vingt-cinq ans surtout la vogue de ces engins n'a fait que grandir à peu près sans interruption, en raison des services très appréciables qu'ils ont rendus à la petite puis à la grande industrie ; les applications qui en ont été faites varient à l'infini, et il est peu de métiers où l'on n'en puisse citer qui ne fonctionnent à la satisfaction complète des acquéreurs.

On peut les employer à tous étages et sans fondations et ils ne sont assujettis à aucune prescription administrative.

Avec eux, il n'y a pas d'explosion à redouter et la surveillance en est à peu près nulle ; leur mise en marche est extrêmement simple, puisque, dans la majorité des cas, il n'y a qu'un robinet à ouvrir, au moment voulu et dans n'importe quelle circonstance. Même pour les engins puissants il y a tout au moins diminution du personnel ; propreté, absence de fumée sont encore des avantages très appréciables.

Le chauffeur devient inutile ; par conséquent, plus d'encombrement de combustible ni de tuyauteries compliquées ; cela explique assez que la force soit obtenue à aussi bas prix. Il est toutefois juste d'observer que le moteur à gaz, pour les grandes puissances particulièrement, ne présente pas l'élasticité des machines à vapeur ; dans celles-ci, en faisant varier le timbre de la vapeur, on satisfait à de très grands écarts du travail demandé ; tandis qu'un moteur à gaz n'a un bon rendement qu'entre des limites beaucoup plus restreintes, en raison de ce que son diagramme ne peut pas autant se prêter aux fluctuations du travail résistant.

Si, dans certaines grandes villes dotées d'un réseau d'air comprimé, ce genre de machines donne le kilogrammètre à un prix un peu plus élevé que par cet air sous pression, cela ne se traduit que par quelques centimes d'écart compensés souvent par d'autres aléas.

La comparaison avec les moteurs électriques ne peut se faire sur les prix de revient ; c'est dans un ordre d'idées tout différent que le choix se porte tantôt sur l'un et tantôt sur l'autre, selon l'ensemble des circonstances qu'il y a à peser.

CHAPITRE II

THÉORIE

Le principe général, qui s'applique soit aux moteurs à gaz de ville soit aux moteurs où le pétrole, l'essence ou l'alcool, carburent l'air admis ainsi qu'à ceux utilisant les gaz des gazogènes spéciaux ou les gaz de hauts fourneaux, est la *combustion d'un gaz* contenant : 1° de l'hydrogène et des carbures ; 2° de l'oxygène ; cette réaction chimique développe de la chaleur qui est employée à dilater un gaz ou une vapeur. Mais, tandis que la combustion ordinaire se produit généralement à la pression atmosphérique, l'inflammation subite du mélange d'air et d'hydrocarbures gazeux provoque une explosion, c'est-à-dire qu'il en résulte une tension considérable qui est utilisée à pousser le piston d'un cylindre sur lequel on recueille le travail ainsi développé.

Il est donc logique d'appliquer aux machines thermiques la théorie mécanique de la chaleur (que nous avons exposée en détail dans le volume *Mécanique générale*) et, par suite, la série des transformations qui ont lieu peut se traduire par un cycle analogue à celui de Carnot, quoique sensiblement différent, il faut bien le noter.

Les états successifs du fluide intermédiaire seront donc représentés par des courbes formant un certain cycle, mais qui n'est ni fermé ni reversible et dont l'aire permet d'évaluer la quantité de travail qu'on peut retirer d'une certaine quantité de chaleur communiquée au corps (fig. 702).

Plus le mélange tonnant est riche en carbures d'hydrogène, plus le rendement thermique est élevé ; quoique le gaz de ville soit fabriqué plutôt pour l'éclairage, il peut servir aussi à l'alimentation des moteurs, car il est à remarquer que la puissance calorifique et le pouvoir éclairant vont de pair dans ce cas, l'intensité de la lumière dépendant de la même proportion de carbures d'hydrogène qui donnent au mélange toutes ses propriétés calorifiques, c'est-à-dire d'énergie utilisable.

On peut de même constituer un mélange combustible en enveloppant chaque molécule de l'air ordinaire par des vapeurs d'essences volatiles : gazoline, pétrole, alcool ; c'est, dans ce cas, ce qu'on appelle *carburer l'air* et les méthodes de carburation varient avec chaque constructeur ; toutefois le principe de tous les appareils où s'opère cette carburation est le suivant : il faut introduire le pétrole goutte à goutte dans le moteur, au fur et à mesure de la consommation, et le vaporiser intégralement en lui fournissant la quantité d'air nécessaire à sa combustion complète, et même avec un excès, de manière à éviter tout encrassement résultant de la condensation de particules passées à l'état d'une sorte de suie et à l'utiliser, en définitive, le mieux possible.

Il y a deux méthodes de *gazéification ;* on peut injecter tout simplement le liquide dans une enceinte chauffée par une lampe ou par la décharge des gaz brûlés dans ce moteur ; la lampe pourra alors être supprimée dès que le moteur aura marché quelque temps ; le pétrole se volatilisera ensuite sous l'action de la chaleur ambiante.

Pour mieux assurer cette volatilisation, certains constructeurs complètent le vaporisateur par un *pulvérisateur* ; le pétrole, délivré goutte à goutte par une pompe ou un appareil quelconque, est dispersé par un injecteur d'air qui brise la goutte, la pulvérise et facilite évidemment la gazéification.

Les spécialistes qui ont étudié les phénomènes de la combustion se sont aperçus, dans presque tous les cas, que de notables proportions d'hydrogène et de carbone étaient passées à l'échappement sans avoir été utilisées ; la quantité d'air pratiquement nécessaire est donc supérieure à la quantité théorique ; on l'estime à environ une fois et demie celle-ci pour une bonne utilisation.

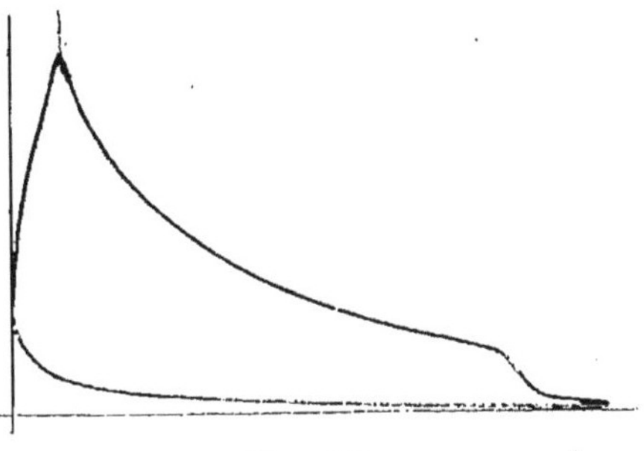

Fig. 702.

Néanmoins la combustion n'est jamais complète, car on a toujours constaté la présence de carbures ou même de coke dans les résidus.

Si l'air introduit au cylindre n'est pas en quantité convenable, ou si le mélange n'est pas suffisamment intime, la molécule chimique se détruit ; une partie du carbone se sépare sous forme de carbures, qui se condensent en dépôts goudronneux, assez pauvres en hydrogène et en carbures volatils, qui ne trouvent pas assez d'air pour former un mélange combustible.

De là les encrassages et même les collages de soupapes que l'on n'évitera qu'en portant toute son attention du côté du carburateur, quelle que soit la nature du carburant, pétrole ou alcool.

Nous en étudions plus loin les variétés; mais nous allons supposer, dans ce paragraphe, que nous prenons le mélange explosif dans son état primitif, afin de suivre les diverses périodes de son action en choisissant comme exemple le cas du cycle de Beau de Rochas.

Cycle à 4 temps. — Ce type de moteurs est le plus répandu; une partie des indications qui sont présentées sur sa mise en marche, sur son fonctionnement ou sur son entretien sont applicables aux machines diverses à 2 ou à 6 temps ou à détente prolongée qui ne sont souvent qu'une combinaison d'organes, se comportant, chacun à part soi, selon le même mode de distribution.

Dans le *premier temps* du cycle (fig. 703), ou course avant, la soupape d'admission *a* est soulevée par sa came ou par tout autre procédé, dont le plus simple est évidemment l'automaticité, de telle sorte que le piston P puisse aspirer le mélange tonnant; tantôt ce mélange est formé au préalable, tantôt l'aspiration elle-même en règle les proportions, ainsi que nous le verrons plus en détail.

Avec le gaz d'éclairage, la proportion admise est ordinairement : 7 parties d'air pour 1 de gaz.

A la fin de la course donc le volume entier du cylindre sera occupé par le mélange tonnant, la soupape d'admission *a* s'appliquera, à ce moment, sur son siège, exactement au point mort arrière.

Dans le *deuxième temps* (fig. 704), on comprime les gaz introduits; cela commence dès le passage du point mort pour ne se terminer qu'à la fin de la course rétrograde; le mélange est ainsi amené, selon les moteurs, à une pression variant de 3 à 9 kil.; les deux soupapes, aspiration et refoulement, restent constamment fermées dans cette période.

Dans le *troisième temps* (fig. 705), au moment où le

piston va revenir en avant, l'inflammation se fait, soit électriquement, soit par incandescence et la détonation pousse

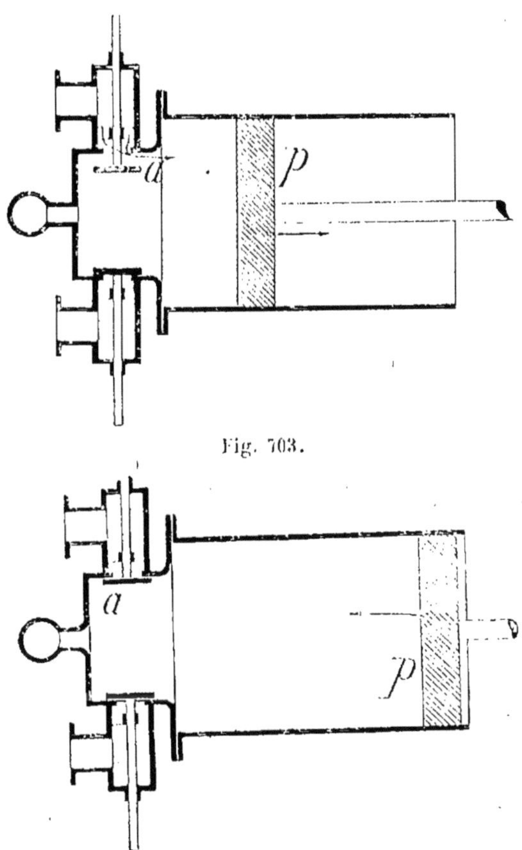

Fig. 703.

Fig. 704.

le piston sous une pression qui dépasse parfois 25 kil. ; la
détente des gaz s'opère ensuite et la force vive s'emmaga-
sine dans le volant.

Il va sans dire que les deux soupapes a et r sont restées appliquées sur leurs sièges, mais la soupape d'échappement

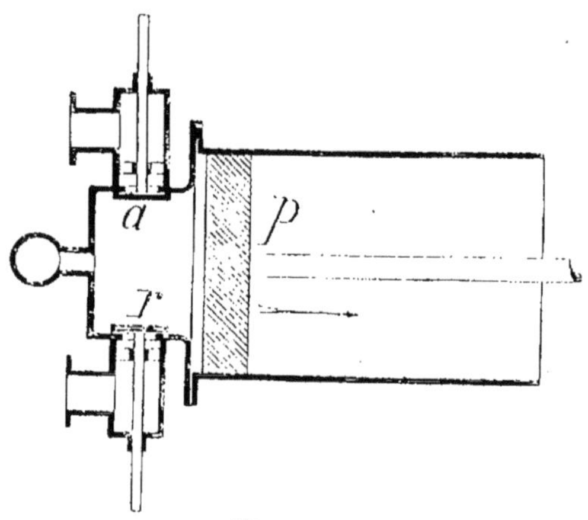

Fig. 705.

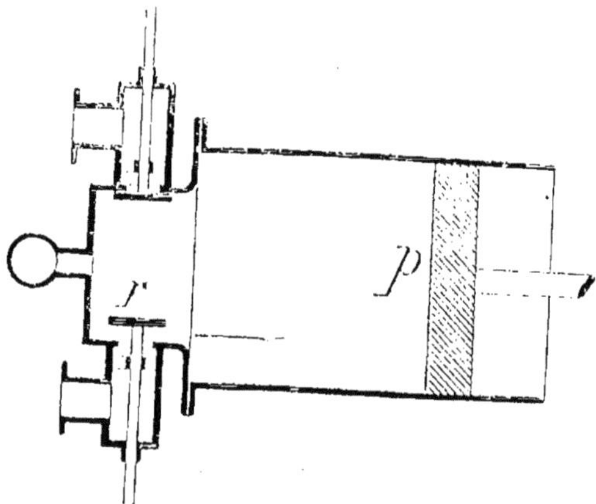

Fig. 706.

r doit s'ouvrir avec une avance de 0,08 à 0,10, à la fin de la course.

Au commencement du *quatrième temps* (fig. 706), le piston P, en rétrogradant vers l'arrière, pousse devant lui les gaz brûlés à travers la soupape d'échappement *r* qui, ouverte au préalable un peu avant le point mort avant, doit se fermer rigoureusement à la fin du quatrième temps.

D'après cette description, on voit en premier lieu quelle importance a l'allumage dans la régularité de la marche du moteur ; selon les cas, électricité ou incandescence, la première chose à faire sera donc de vérifier si cet allumage fonctionne parfaitement et à point nommé, en se conformant attentivement aux instructions élaborées par le constructeur.

Ce que l'on devra ensuite observer avec non moins de soin, c'est d'avoir une bonne compression ; il n'est nullement question, ici, du haut degré de compression auquel on soumet les gaz pauvres, par exemple, mais de la manière dont on peut se rendre compte si la compression prévue est bien obtenue pour n'importe quel mélange.

Il est d'ailleurs évident qu'en tournant au volant pour effectuer la mise en marche, la résistance éprouvée doit aller en augmentant depuis l'avant jusqu'à l'arrière du cylindre, puisque la pression des gaz emprisonnés croît en raison inverse du volume.

Si, par conséquent, on constate que cette réaction est nulle ou peu appréciable sous un effort un peu vif, c'est qu'il y a une déperdition quelconque du mélange, et l'on doit alors s'empresser de rechercher les fuites pour rétablir les conditions du cycle.

Ces fuites ne peuvent provenir que de joints mal faits, de segments de piston non adhérents ou, enfin, des soupapes ; c'est la soupape d'échappement que l'on surveillera de préférence et l'on portera ensuite remède aux différents accidents, afin qu'il n'y ait pas diminution de rendement.

La plus grande attention doit être apportée lors du démontage et de la remise en place des bielles et autres mécanismes, dont il faut *absolument* éviter de changer les longueurs ou les positions ; il faut de même replacer mathématiquement tous les organes qu'on a eu besoin de vérifier et, sous ce rapport, les machines de bonne fabrication offrent toujours des repères qu'il faut retrouver avant tout montage.

Ces précautions diverses ont, on le voit, pour but d'assurer l'exécution intégrale du cycle de Beau de Rochas, et nous allons apprendre comment, une fois réalisé, il est possible d'en montrer graphiquement les accidents par un tracé approprié.

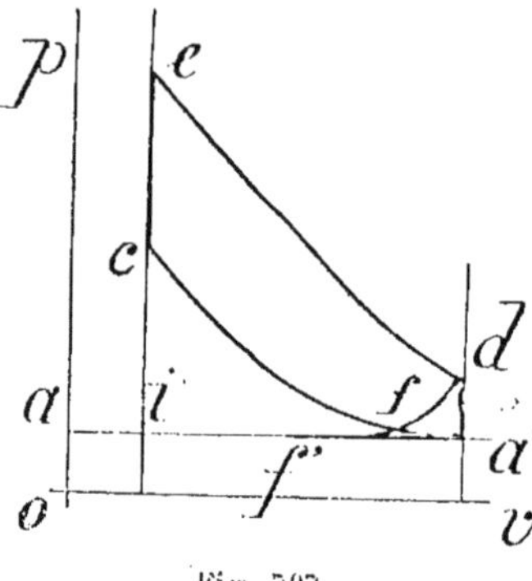

Fig. 707.

Diagramme du cycle à 4 temps. — L'analyse précédente du fonctionnement de la plupart des moteurs, en quatre phases absolument tranchées, peut se représenter par un diagramme, c'est-à-dire par une courbe (en partie théorique) au moyen de laquelle il est permis de se rendre compte des circonstances qui ont lieu successivement ainsi que du travail que l'on doit recueillir.

Pour cela, traçons (fig. 707), comme pour les machines à vapeur, deux axes de coordonnées perpendiculaires *ov* et *op* et, à une certaine hauteur prise à l'échelle, menons *aa'* qui figure la pression atmosphérique ; c'est sous cette pression que nous introduisons un volume de mélange explosif dont nous devons retirer un certain travail produit par la combustion.

L'admission de ce volume a lieu pendant le premier dé-

placement du piston qui, de i, arrive en a'; comme elle se
fait très approximativement sous la même pression que
celle de l'extérieur, il n'y a pas, théoriquement, de dépense
de travail; mais il n'en est fourni aucun non plus. On
admet que cette partie du diagramme se confond avec aa'.

Pendant la deuxième course, celle de la compression, le
mélange diminuant de plus en plus de volume, la pression
augmente et la courbe a le profil $a'c$; on a dépensé pour
cela du travail qui a été fourni par la réserve d'énergie
motrice emmagasinée dans le volant; $a'c$ est une courbe
adiabatique.

A la fin de cette seconde course, la compression ayant
préparé le volume explosif d'une part en élevant sa température d'un certain nombre de degrés et, d'autre part, en
condensant et en brassant le mélange aussi intimement que
possible, l'explosion se produit aux environs du passage au
point mort; admettons simplement ici que cela ait lieu au
commencement de la troisième course ; la pression s'est
accrue considérablement, du fait de la combustion instantanée de toute la masse, et a atteint une valeur ie au-dessus
de la tension atmosphérique.

Puis le piston continue sa course, engendrant un volume
de plus en plus grand, sous l'impulsion que lui communique
la détente des gaz produits par la combinaison de l'oxygène
de l'air (l'azote ne jouant là qu'un rôle passif) et des vapeurs d'hydrocarbures; la courbe adiabatique de la détente
est ed.

Certains moteurs possèdent une avance à l'échappement
ainsi qu'il a été dit; mais nous ne compliquerons pas la dé-
monstration de cette particularité.

Le quatrième temps ou course du cycle est utilisé pour
l'expulsion des gaz brûlés; la pression décroît, d'abord,
brusquement, mais néanmoins, selon une courbe $df'a'$ et
de telle façon qu'au commencement du retour, la pression

corresponde à la pression extérieure; il n'y aura donc pas de contrepression et l'aire $dff'a'$ peut être considérée comme un travail utile sur le piston; mais on n'en tient ordinairement pas compte; ce qu'il faut retenir cependant, c'est que d ne se confond pas avec a' et que, pour cette raison, le cycle n'est pas fermé.

La figure 708 est le schéma, à une échelle agrandie, des circonstances se produisant aux abords de la ligne aa'.

En résumé, le travail théorique que l'on peut recueillir, d'après ce diagramme, est figuré par l'aire $ceda'$.

Lorsqu'a lieu l'allumage d'un mélange explosif, les réac-

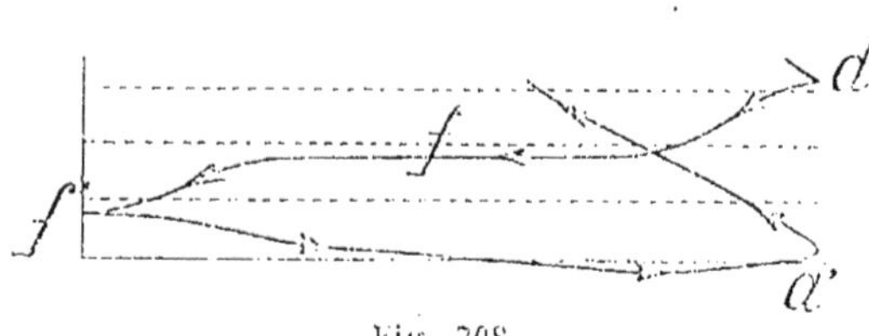

Fig. 708.

tions ou les ondes ne se propagent bien dans toute la masse que s'il y a homogénéité des éléments en présence et que si ceux-ci y existent dans de certaines proportions; autrement dit, l'énergie explosive passe par une valeur plus grande, de chaque côté de laquelle il y a des limites où cesse l'explosivité.

L'onde de détonation progresse d'ailleurs avec des vitesses énormes, de plusieurs milliers de mètres par seconde et qui laissent loin derrière elles la vitesse de propagation du son; d'après quelques expériences, la vitesse de progression serait environ cinq à six fois cette dernière.

On peut donc considérer comme combustion instantanée l'inflammation d'un mélange tonnant.

Cycle à 2 temps (fig. 709). — Les périodes à échappement y sont plus accentuées que dans les systèmes à

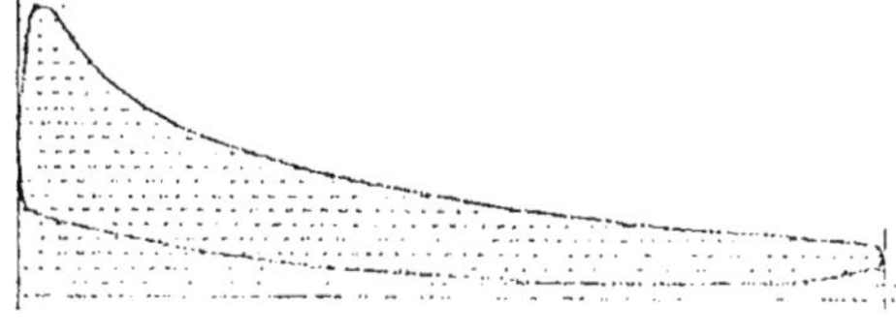

Fig. 709.

4 temps ; dans ces moteurs, la compression est, généralement aussi, poussée plus loin, de sorte que la pression d'explosion en est proportionnellement augmentée.

COMBUSTIBLES

Ainsi qu'il a été dit précédemment, le rendement d'un moteur thermique dépend, en grande partie, de ce qu'on appelle le *pouvoir calorifique* du mélange explosif, c'est-à-dire de la quantité de chaleur ou de calories qu'on devrait utiliser théoriquement ; il y a donc lieu de donner quelques renseignements sur les principaux combustibles employés à l'heure actuelle pour former les mélanges détonants.

Ils compléteront de la sorte les principes généraux exposés à propos de la combustion.

Gaz d'éclairage. — Le gaz de ville est un fluide dont la composition est loin d'être constante et qui ne se présente nullement sous une formule que l'on pourrait croire classique ; bien au contraire, cette composition est aussi variable que complexe et elle change non seulement d'une région ou d'une usine à l'autre, mais encore pendant la même journée, pour ainsi dire d'une heure à une autre.

Le résultat de ces variations se répercute, par conséquent, sur la puissance calorifique qui présente des hauts et des bas et, dans la comparaison des moteurs entre eux, on est dès lors obligé de rechercher, avant tout essai, le nombre exact des calories qui vont être fournies à la machine pour que celle-ci les transforme en travail.

Sans nous étendre, néanmoins, outre mesure sur cette détermination, nous citerons entre autres l'appareil de M. *Wilz*, au moyen duquel on obtient les pouvoirs calorifiques en y pratiquant directement l'explosion du mélange tonnant qu'on veut expérimenter; on mesure ensuite au *calorimètre* (instrument spécial de physique) la chaleur dégagée par la réaction.

Des échantillons de gaz, provenant de villes très diverses et soumis, selon cette méthode, à la détermination du pouvoir calorifique, ont fourni des chiffres allant de 5.100 à 5.980 calories ; on en a conclu qu'un pouvoir calorifique de 6.000 degrés est exceptionnel et qu'il est préférable de se maintenir pour les estimations entre 5.000 et 5.500 calories.

Il est, d'autre part, admis que la puissance explosive dépend beaucoup de la rapidité de la combustion, mais, en cette question, d'autres éléments de perturbation interviennent qui sont : les combustions incomplètes et le refroidissement par les parois.

Dans certaines expériences, par exemple, on a relevé une pression de 8 à 9 kil. correspondant à une température théorique de 2.300 degrés absolus; dans d'autres, l'explosion atteignait 25 kil., tandis que, dans les grands moteurs alimentés avec les gaz de hauts fourneaux, c'est une pression courante en raison de la compression préalable plus élevée.

En somme, c'est un phénomène extrêmement complexe; car, selon la vitesse de propagation de la flamme, intime_

ment liée par ailleurs à la nature du mélange, les pressions
d'explosion ont varié depuis 4 kil. 50 jusqu'à 27 kil. et les
températures réelles, d'après ces essais cependant sérieu-
sement pratiqués, de 800 à 1.800 degrés.

Pour des moteurs à compression plus ou moins poussée,
on obtiendrait des chiffres un peu plus forts, car la compression a évidemment pour but d'élever la température
du mélange avant explosion ; mais alors il est impossible
de rien préciser à cause de la présence des parois métalliques, dont on ignore l'influence ; en outre les diagrammes
ne sauraient non plus, quant à [présent, être pris comme
une indication impeccable, parce que l'inertie intervient
pour le piston de l'indicateur ordinaire, soumis à une
charge aussi brusque.

Il serait nécessaire de faire usage d'instruments spécialement destinés à cette mesure.

Ce que l'on doit retenir de tout ce qui précède, c'est qu'il
y a un grand intérêt à tenir compte, lors de l'étude générale
d'un *moteur à gaz*, de quelque genre et de quelque force
qu'il soit, de la fatigue subie par les cylindres, pistons et
articulations, soumis à de telles températures et à des pressions aussi voisines d'un véritable choc. Cette remarque
s'applique, comme de juste, aux autres genres de mélanges
tonnants.

Pétrole. — L'origine de la formation de cette huile
minérale est inconnue ; elle existe par nappes souterraines
en certaines contrées, et, pour mieux dire, partout ; elle
jaillit naturellement au-dessus du sol quand les puits sont
récents ; mais plus tard il faut installer des pompes.

En dehors des pétroles américains ou russes, on en extrait
en Italie, en Espagne, en Alsace, en Roumanie, en Birma-
nie, à Bornéo ; les ressources sont inépuisables et il est à
signaler que la plupart des marines militaires ou de com-

merce l'ont depuis longtemps adopté et le considèrent, par conséquent, comme un excellent combustible.

Des produits que l'on en tire par rectification il n'en est que deux qui aient eu, jusqu'à présent, un intérêt réel, et surtout pratique dans l'application aux machines à combustion interne : la gazoline et le pétrole lampant.

Les huiles lourdes servent plutôt, à l'heure actuelle, au graissage ; mais il existe des types de moteurs, cependant, où on les emploie avec succès pour la carburation et dont nous donnerons des exemples.

La gazoline de densité égale à 0,700, désignée aussi essence, a d'abord été employée pour carburer l'air destiné à l'éclairage ou à la force motrice ; elle est réservée aujourd'hui, sous des étiquettes variées, à la traction des automobiles, à condition que la distillation en ait éliminé les huiles lourdes qui s'accumuleraient dans les carburateurs. Elle trouve encore un emploi avantageux dans son mélange avec l'alcool pour former l'alcool carburé.

Maintenant l'on se sert directement du pétrole lampant dont la chaleur de combustion varie entre 10.000 et 10.700 calories par kilogramme.

Sa densité est de 0,79 à 0,83 ; c'est un liquide incolore, un peu fluorescent, qui ne doit pas s'enflammer au-dessous de 35 degrés (c'est-à-dire qu'en le chauffant légèrement en se guidant pour cela sur les indications d'un thermomètre, jusqu'à 35 degrés, il ne doit pas prendre feu si on promène une flamme au-dessus de la capsule qui le contient). A partir de 350 degrés environ le pétrole subit une dissociation ; les Anglais ont appelé « *point de Cracking* » cette température limite ; s'il se rapproche de la température d'ébullition, son emploi devient plus difficile.

Nous ajouterons que la qualité du pétrole lampant a une influence sensible sur le rendement ; il faut qu'au carburateur il se vaporise aisément et, de plus, entièrement. Dans ces dernières années, on a réussi à carburer l'air non seulement avec les produits lourds de la distillation du pétrole brut, d'un poids spécifique de 0,85 en moyenne, mais avec les pétroles bruts de densité de 0,87 à 0,88 (puissance calorifique moyenne : 10.175) et les résidus de l'industrie du naphte, très visqueux et de densité égale à 0,905.

La consommation considérable que l'on fait aujourd'hui de l'huile minérale ordinaire a produit, sans élévation sensible de prix, une amélioration de la qualité.

On a reconnu aussi que le graissage des moteurs à pétrole se fait plus facilement que dans les machines à gaz ; on peut même parfois modérer les graisseurs en raison de ce qu'une partie du pétrole libre lubrifie les surfaces, évidemment aux dépens du rendement.

Alcool. — Il est à peine besoin de faire remarquer que l'alcool a l'avantage sur le pétrole d'être un produit national, au développement duquel toutes les régions agricoles sont intéressées, quelle que soit leur situation géographique (1).

En quelque endroit qu'on le fabrique, sa composition chimique est constante et homogène, ce qui n'a pas lieu de façon aussi nette pour le pétrole raffiné.

L'alcool n'est jamais employé tout à fait pur ; il doit subir, au préalable, l'opération obligatoire de la dénaturation ; elle consiste à y mélanger certains produits délétères qui font tellement corps avec lui que, quoi qu'on fasse dans la suite, il sera toujours aisé d'en retrouver des traces, et, par conséquent de découvrir la fraude.

L'alcool du commerce contient 10 pour 100 d'eau et constitue l'alcool à 90 degrés ; il a été reconnu que cette eau contenue dans l'alcool joue un rôle avantageux lors de son emploi dans les moteurs à explosion à cause de l'élasticité

(1) Ringelmann.

de la vapeur d'eau formée. Son pouvoir calorifique est de 5.700 calories par kilogramme.

Quand, à l'analyse, on évapore l'alcool à l'air libre, le résidu qu'on obtient provient surtout des dénaturants incorporés.

Ce produit dissout énergiquement une foule de matières ; il attaque même les métaux et on a constaté qu'il fallait absolument proscrire le fer et l'aluminium de la confection des carburateurs ; les pièces doivent être en bronze de cuivre et nickel.

Eu égard à ce que l'alcool, en tant que dissolvant, a tendance à sécher les parois avec lesquelles il est en contact, il faut prendre pour le graissage certaines précautions qui diffèrent de celles observées dans les autres moteurs. Ce graissage ne doit pas être plus abondant, mais il est utile de le mieux répartir.

L'expérience montre qu'il est nécessaire de fournir un excès d'air lors de la combustion, afin d'éviter la formation de corps plus ou moins corrosifs tels que l'acide acétique (*Ringelmann*).

L'inflammation du mélange, avec l'alcool, est plus lente qu'avec le pétrole ; il en résulte une explosion moins violente qui produit ainsi une marche beaucoup plus douce et silencieuse. La benzine, extraite du goudron de houille, sert à carburer l'alcool ; en Allemagne, la proportion est de 80 pour 100 d'alcool, tandis qu'en France on a eu de bons résultats avec des alcools de marques spéciales carburés à 50 pour 100 seulement.

L'alcool carburé a, semble-t-il, donné quelques mécomptes sous le rapport des encrassages et de la corrosion ; mais il faut bien remarquer que, dans la plupart des essais effectués à ce jour, on se servait de moteurs à gaz ou à pétrole pour utiliser l'alcool pur ou carburé ; on se contentait d'agrandir les orifices d'admission. Ainsi qu'il a été signalé plus haut, c'est du côté du carburateur qu'il y a plus de chances de trouver remède à ces inconvénients, le mélange exige un meilleur brassage, et par suite, plus d'homogénéité.

Selon la proportion du mélange d'alcool et de gazoline, on a obtenu des puissances calorifiques allant de 5.700 à 7.000 calories par kil.

Le rendement des moteurs à alcool s'améliore avec de longues courses et de fortes compressions ; ces dernières peuvent atteindre 6 à 8 kil. et correspondre à des pressions d'explosion variant de 12 à 15 kil. ; on en signale quelques-uns où elle est couramment de 20 kil.

Nous avons vu que, de la combustion incomplète de l'alcool, pouvait résulter la formation d'acides et de dépôts, se manifestant en particulier aux soupapes d'échappement où dans les vapeurs ; pour éviter que, lors de leur condensation, elles ne fassent rouiller les parois, il sera donc bon, au moment de l'arrêt, de graisser convenablement et de faire faire quelques tours à vide. Le contact sera, ainsi fort atténué.

Gaz de gazogène, Gaz de hauts fourneaux. — On trouvera, à la fin de ce volume, la description des principaux appareils imaginés pour obtenir la force motrice à très bas prix, mais avec des installations plus importantes toutefois.

On n'utilise, en effet, la plupart des gaz qu'après les avoir épurés autant que possible et il est indispensable d'employer des moteurs spéciaux, que nous considérons par conséquent comme formant un groupement différent de ceux qui utilisent les combustibles précédents.

Calcul des dimensions principales des moteurs à

gaz. — Des formules (1) pour lesquelles il semble que l'on ait tenu compte d'observations très sérieuses recueillies aux sources les plus autorisées, tant en France qu'à l'étranger, ont été établies tout récemment ainsi qu'il suit par M. *Hugo Güldner* (1902).

En partant du chiffre de 428 kil. comme équivalent calorifique du travail, il a déterminé les dimensions principales des moteurs : diamètre, course, nombre de tours ou autres éléments en fonction du volume de l'air aspiré par cycle.

Adoptons les notations suivantes :

N — Puissance effective en chevaux-vapeur ;

n — Nombre de tours par minute ;

D -- Diamètre, en mètres ;

L — Course, en mètres ;

$V = 0.785\, D^2 L$ — Cylindrée, en mètres cubes ;

$V_o = kV$ — Quantité de mélange réellement aspirée, en mètres cubes ;

A — Quantité d'air pratiquement nécessaire (par mètre cube de gaz ou kil. de liquide), en mètres cubes ;

A_l — Quantité d'air par course motrice, en mètres cubes ;

C_h — Dépense de combustible par heure (gaz en mètres cubes, pétrole en kil.) ;

C — Dépense de combustible par cheval-heure ;

C_l — Dépense de combustible par course d'aspiration ;

P — Pouvoir calorifique du combustible, en calories ;

$k = \dfrac{V_o}{V}$ — Rendement volumétrique de la course d'aspiration.

Une calorie équivaut à 428 kil. ; nous avons pour le travail développé en une heure :

$$N^{ch} \times 75\, k. \times 3.600'' = C_h \times P \times K \times 428 ;$$

(1) *Bulletin de la Société d'encouragement.*

d'où :

$$K = \frac{N \times 75 \times 3600}{C_h \times P \times 428} = \frac{631\,N}{PC_h} \text{ environ.}$$

Pour les moteurs à quatre temps, gaz ou pétrole, on en tire de suite :

$$C_h = \frac{N \times 75 \times 3600}{P \times K \times 428} = \frac{630.844\,N}{PK}.$$

Tournant à n révolutions par minute, il y a $\frac{n}{2}$ aspirations soit $\frac{n}{2} \times 60$ par heure ; le travail est, par aspiration :

$$C_i \times P \times K \times 428 = \frac{N \times 75 \times 3600}{\frac{n}{2} \times 60};$$

par conséquent :

$$C_i = \frac{N \times 75 \times 60}{P \times K \times 428 \times \frac{n}{2}} = \frac{21,028\,N}{P \times K \times n}.$$

Quant à la quantité d'air par course motrice, elle se déduit facilement de celle nécessaire à la combustion pendant une heure :

$$A_i = \frac{C_h \times A}{30 \times n} = \frac{21.028 \times N \times A}{P \times K \times n},$$

$a)$ **Moteurs à gaz.** — Le volume qui, aspiré pendant la première course dans le cylindre, va constituer le mélange tonnant est :

$$V_0 = C_i + A_i$$

mais, à cause du rendement k, la cylindrée $V = 0{,}785\,D^2L$ va devenir :

$$V = \frac{c_i + A_i}{k} = \frac{21.028\,N}{P\,K\,n\,k} + \frac{21,028\,N\,A}{PK\,nk},$$

$$0,785\,D^2\,L = \frac{21,028\,N\,(1 + A)}{PK\,nk}\ \text{mètres cubes.}$$

En résolvant cette équation par rapport à l'une des trois dimensions principales : D, L ou n, on obtient :

$$D = \sqrt{\frac{26.787\,N\,(1 + A)}{PKL\,nk}}\ \text{mètres}; \tag{1}$$

$$L = \frac{26,787\,N\,(1 + A)}{PKD^2\,n\,k}\ \text{mètres}; \tag{2}$$

$$n = \frac{26.787\,N\,(1 + A)}{PKD^2L\,k}. \tag{3}$$

$b)$ **Moteurs à pétrole.** — Dans ces moteurs, on a :

$$V = \frac{V_0}{K} = 0,785\,D^2\,L = \frac{A_i}{k}$$

$$= \frac{21.028\,N\,A}{PK\,nk}\ \text{mètres cubes,}$$

qui donnent, comme ci-dessus :

$$D = \sqrt{\frac{26.787\,N\,A}{PKL\,nk}}\ \text{mètres}; \tag{4}$$

$$L = \frac{26.787\,N\,A}{PKD^2\,nk}\ \text{mètres}; \tag{5}$$

$$n = \frac{26.787\,N\,A}{PKD^2L\,k}. \tag{6}$$

Ces six équations fondamentales ne contiennent aucune grandeur qui ne puisse être déterminée avec certitude pour chaque cas spécial; une estimation n'est nécessaire que pour les coefficients de rendement K et k dont on trouvera les valeurs moyennes pour les cas principaux dans le tableau I et dans le tableau II : RENDEMENT VOLUMITRIQUE K DES TYPES PRINCIPAUX — (pages 30-31).

Moteur à faible vitesse avec soupape d'admission réglée, $k = 0,88$ à $0,93$.

Moteur à faible vitesse avec soupape d'admission automatique, $k = 0,80$ à $0,87$.

Moteur à grande vitesse avec soupape d'admission réglée, $k = 0,78$ à $0,85$.

Moteur à grande vitesse avec soupape d'admission automatique, $k = 0,65$ à $0,75$.

Moteur à très grande vitesse pour automobiles, avec soupape d'admission automatique et radiateur, $k = 0,50$ à $0,65$.

Les chiffres portés dans le tableau I sont relatifs à la puissance normale du moteur, puissance toujours inférieure à la puissance maximum que peuvent développer les appareils de bonne construction.

En prévision du maximum, il y a donc lieu d'admettre un excès d'air d'au moins 30 °/₀ ; comme, d'autre part, les compressions élevées raréfient encore le mélange et qu'on a intérêt à employer des combustibles à grand pouvoir calorifique, les indications de ce tableau supposent un excès d'air assez important.

Les colonnes 4 à 8 sont établies dans l'hypothèse d'un moteur bien étudié ; les dépenses de combustible indiquées ne comprennent pas la consommation pour l'allumage et le chauffage.

Formules pratiques. — Si, dans les équations fondamentales, nous substituons les valeurs moyennes de P et de A, données précédemment, les formules transformées ne contiendront plus que K et k, que nous pourrons alors choisir dans les tableaux I et II. (page 31).

TABLEAU I. — Pouvoir calorifique, air nécessaire à la combustion et dépense de combustible.

	1	2	3	4		5		6		7		8	
	Pouvoir calorifique par mètre cube ou kilog. F	AIR NÉCESSAIRE — théorique A_0 par mètre cube ou kilog.	réel A par mètre cube ou kilog.	DÉPENSE DE COMBUSTIBLE G À LA PUISSANCE NORMALE PAR CHEVAL-HEURE (À LA PRESSION ATMOSPH. DE 760 m/m ET À 150) LORSQUE LA PUISSANCE N EST DE : 5 chev.		10 chev.		25 chev.		50 chev.		100 chev.	
				C	K	C	K	C	K	C	K	C	K
	Calories.	Mètres cubes	Mètres cubes	m^3 ou Kg.		m^3 ou Kg.		m^3 ou Kg.		m^3 ou Kg.		m^3 ou Kg.	
I. Gaz d'éclairage. { pauvre	4.500	5.5	7.5	0.70	0.20	0.63	0.22	0.58	0.24	0.54	0.26	0.53	0.27
ordinaire	5.000			0.63	0.20	0.57	0.22	0.52	0.24	0.48	0.26	0.47	0.27
	5.500	à	à	0.58	0.20	0.52	0.22	0.48	0.24	0.44	0.26	0.43	0.27
riche	6.000	6.5	10.0	0.53	0.20	0.475	0.22	0.44	0.24	0.40	0.26	0.39	0.27
II. Gaz Dowson { par kilog. d'anthracite	7.500	»	»	0.75	0.11	0.65	0.13	0.57	0.15	0.50	0.17	0.47	0.18
par m³ de gaz	1.250	0.85	1.1	3.00	0.17	2.70	0.19	2.40	0.21	2.20	0.23	2.10	0.24
par kilog de coke	7.200	à	à	0.80	0.11	0.68	0.13	0.59	0.15	0.52	0.17	0.49	0.18
par m³ de gaz au coke	1.450	1.00	1.4	3.30	0.17	2.90	0.19	2.60	0.21	2.40	0.23	2.30	0.24
III. Gaz des hauts fourneaux	950	0.75	1.0 à 1.2	»	»	3.70	0.18	3.30	0.20	3.00	0.22	2.80	0.24
IV. Gaz des fours à coke	4.000	5.3	7.0	»	»	1.00	0.17	0.85	0.13	0.73	0.31	0.70	0.23
V. Pétrole rectifié, par kilog.	10.500	11.5	16 à 22	0.55	0.11	0.50	0.12	0.46	0.13	»	»	»	»
VI. Pétrole brut (mot. Diesel) p. kil.	10.000	11.0	18 à 20	0.25	0.25	0.24	0.26	0.23	0.27	0.30	0.21	0.20	0.32
VII. Essence	11.000	11.5	15 à 70	0.30	0.12	0.28	0.21	0.25	0.23	»	»	»	»
VIII. Alcool brut 90 0/0	5.700	6.0	8 à 12	0.30	0.22	0.46	0.24	0.42	0.26	»	»	»	»

COMBUSTIBLES GAZEUX

	GAZ D'ÉCLAIRAGE	GAZ DOWSON	GAZ DE HAUTS FOURNEAUX
P A	5,000 calories par m³. 8^{m3},500 par m³.	1,150 calories par m³. 1^{m3},250 par m³.	950 calories par m³ 1^{m3},100 par m³.
D	$\sqrt{\dfrac{0{,}060\ N}{KLn}}$	$\sqrt{\dfrac{0{,}062\ N}{KLn}}$	$\sqrt{\dfrac{0{,}070\ N}{KLn}}$
L	$\dfrac{0{,}060\ N}{KD^2n}$	$\dfrac{0{,}062\ N}{KD^2n}$	$\dfrac{0{,}070\ N}{KD^2n}$
n	$\dfrac{0{,}060\ N}{KD^2L}$	$\dfrac{0{,}062\ N}{KD^2L}$	$\dfrac{0{,}070\ N}{KD^2L}$

COMBUSTIBLES LIQUIDES

	PÉTROLE	ESSENCE	ALCOOL BRUT A 90°
P A	10.500 calories par kg. 19^{m3},000 par kg.	11.000 calories par kg. 17^{m3},500 par kg.	5 700 calories par kg. 10^{m3}000 par kg.
D	$\sqrt{\dfrac{0{,}057\ N}{KLn}}$	$\sqrt{\dfrac{0{,}050\ N}{KLn}}$	$\sqrt{\dfrac{0{,}055\ N}{KLn}}$
L	$\dfrac{0{,}057\ N}{KD^2n}$	$\dfrac{0{,}050\ N}{KD^2n}$	$\dfrac{0{,}055\ N}{KD^2n}$
n	$\dfrac{0{,}057\ N}{KD^2L}$	$\dfrac{0{,}050\ N}{KD^2L}$	$\dfrac{0{,}055\ N}{KD^2L}$

C'est à des moteurs fixes de qualité moyenne et de vitesse modérée que les équations ci-dessous s'appliquent; en se donnant $k = 0.85$, il n'y a donc plus qu'à faire pour K un choix judicieux dans le tableau 1.

Prix de revient. — En se reportant au tableau donné par M. Guldner (page 30) indiquant les moyennes de dépense de combustible par cheval-heure pour diverses puissances, on peut remarquer combien il est difficile d'établir des règles absolues à propos du prix auquel telle ou telle classe de moteurs peut fournir la force motrice.

Non seulement, pour le même combustible, il y a variation dans la consommation selon la puissance, mais le prix unitaire de ce combustible subit toutes sortes de fluctuations dépendant soit des régions, soit des cours, soit des conditions commerciales où l'on est placé.

Ce n'est d'ailleurs pas toujours par des questions d'économie que l'on est guidé dans le choix d'un moteur et, en ce qui concerne la comparaison entre l'essence et l'alcool pour laquelle on a beaucoup controversé, il semble se dégager de toutes les discussions et de l'expérience (1) :

1° Qu'avec un alcool carburé il est possible de se rapprocher sensiblement du prix de revient pour l'essence et de l'atteindre même le jour où la législation sur l'alcool sera révisée :

2° Que l'on doit, avec chaque combustible, n'employer qu'un moteur spécialement construit en vue de ce combustible ;

3° Que le moteur à alcool est moins violent que le moteur à pétrole et que la douceur de sa marche pourra le faire préférer dans beaucoup de cas ;

4° Qu'un avantage appréciable du moteur à alcool c'est

(1) Ringelmann.

la propreté de manipulation de ce liquide, ainsi que l'absence de la mauvaise odeur des gaz d'échappement qui caractérise le moteur à essence.

Essais et réception des moteurs. — Les éléments que l'on recherche en procédant aux essais d'un moteur comprennent :

1° La force effective, c'est-à-dire la puissance disponible sur l'arbre du volant, mesurée au frein de Prony ;

2° La puissance indiquée, c'est-à-dire le travail développé

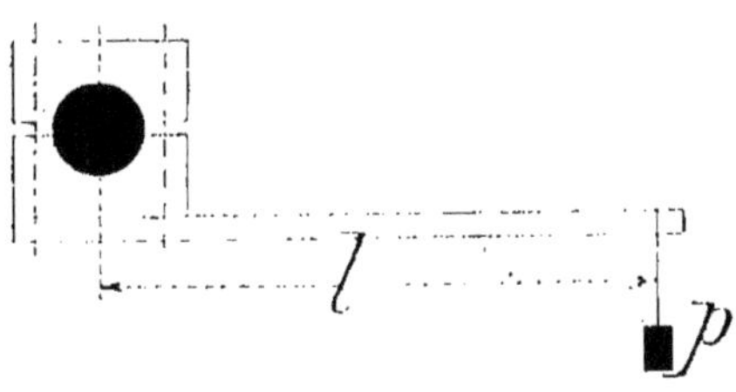

Fig. 710.

sur le piston ; le rapport de la force effective au travail indiqué constitue le rendement du moteur;

3° La consommation par cheval-heure ;

4° Dans certains cas, la variation de la consommation en comparaison de la variation de la force demandée à la machine ainsi que d'autres renseignements.

Rappelons que la formule relative au frein de Proy est :

$$N^{ch} = \frac{2\,\pi\,p\,l\,n}{60 \times 75}$$

dans laquelle p est le poids en kil. porté par le plateau du frein ou par le tablier de la bascule (fig. 710), en tenant compte du poids propre du frein réduit à la distance l, longueur en mètres du bras de levier ; n est le nombre de tours et N est exprimé en chevaux par seconde; en opérant :

$$N^{ch} = 0,0014 \times p^k \times l^m \times n^t.$$

Lorsqu'on enroule un cable de charge autour de la poulie de frein, l est le rayon augmenté du demi-diamètre du cable.

Exemple : Les données de la question étant, pour un moteur à gaz de ville; le diamètre 0,330, la course 0,540 et la vitesse de régime 160 tours, on a installé un frein de Prony, parfaitement horizontal, qui s'appuyait sur le plateau d'une bascule par l'intermédiaire d'une béquille verticale.

La longueur du bras de levier était de 1 m. 25 et on l'équilibrait, à vide, par un poids de 2 kil. qu'il faudra, par conséquent, retrancher de la pesée donnée par la bascule pour obtenir la charge nette si l'on n'a pas, au préalable, taré d'autant le plateau de la balance.

Le nombre de tours par minute était pris soit par un compteur de tours, soit avec une montre pendant un laps de temps convenable pour faire une moyenne.

La pesée nette, observée à différentes reprises, à la vitesse de 160 tours a été de 75 kil.; on en déduit que la force effective,

$$N = 0,0014 \times 75^k \times 1^m25 \times 160^t = 21^{ch}$$

La puissance indiquée est donnée par des diagrammes que l'on relève, à la manière habituelle, au moyen d'indicateurs placés, autant que faire se peut, près des soupapes d'échappement.

La forme habituelle de ces diagrammes est analogue à celle de la figure 711, où l'on a indiqué l'échelle du ressort par la distance de la ligne atmosphérique à celle du vide absolu.

L'ordonnée moyenne, c'est-à-dire, la moyenne des longueurs lues à l'échelle telles que $a\ a'$, étant appelée p, le calcul du travail moyen développé sur le piston à m explosions par minute se fait par la relation :

$$T = \frac{S \times C \times m \times p}{60 \times 75};$$

S étant la surface du piston ;
C étant la course.

Exemple : En gardant les chiffres précédents, la section S devient :

$$\frac{\pi D^2}{4} = \frac{3.14 \times \overline{0,330}^2}{4} = 0^{m2},0850,$$

La course C = 0 m. 540.
Le nombre d'explosions constaté était de 74 par minute

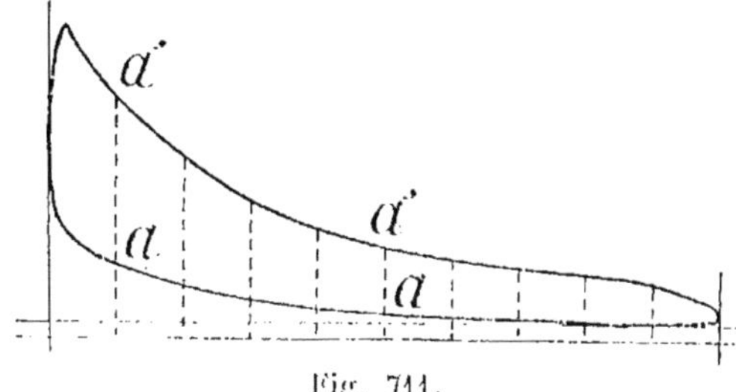

Fig. 711.

et l'ordonnée moyenne, accusée par le calcul du diagramme, était de 3 kil. 20 par centimètre carré,

$$T = \frac{850 \times 0,540 \times 74 \times 3,20}{60 \times 75} = 24^{ch},47.$$

Le rendement est donc constitué, dans ce cas, par le rapport :

$$\frac{N}{T} = \frac{21,00}{24,47} = 86\,°/_{o}.$$

Il est bien évident qu'en faisant varier la charge, c'est-à-dire le nombre de poids du plateau qui doivent faire équilibre à la force motrice, on obtient une série de renseignements en regard desquels on note les consommations et les rendements correspondants ; la plus importante de ces expériences est celle qui a lieu pour le maximum de la puissance que l'on peut atteindre.

La consommation s'obtient par la différence des volumes ou des poids au commencement et à la fin de l'essai selon que l'on consomme du gaz ou des liquides.

On a l'habitude de tenir compte de la température et de réduire, d'après le coefficient de dilatation du gaz, les volumes absorbés.

La durée de chaque essai est de 15 à 30 minutes mais varie, évidemment, avec l'allure plus ou moins régulière adoptée pour le moteur.

Ainsi si l'on suppose, comme dans l'exemple cité plus haut, que l'on ait fait une expérience de consommation de 20 minutes, simultanément à l'essai au frein, et qu'on ait lu au début le chiffre de 25.325 sur le compteur à gaz (volant lancé), puis 28.461 à la fin, nous aurons une dépense de 3 mc. 136 en 20 minutes, soit 9,408 pendant une heure pour les 21 chevaux fournis à l'arbre ; la consommation, par cheval-heure, ressort par conséquent à :

$$\frac{9408}{21} = 448 \text{ litres}$$

à la température et à la pression existant lors de l'essai, ainsi qu'on l'a fait remarquer.

Quant à la consommation d'eau, elle se compte d'une manière assez simple en recueillant, dans des récipients de forme géométrique, la quantité qui se débite pendant un laps de temps bien contrôlé.

Généralement, on rapporte ensuite cette quantité à l'heure.

Considérations générales. — Laissant de côté la question des prix, qui ne saurait intervenir dans une étude technique parce qu'elle répond à certaines exigences commerciales, il est de toute évidence que l'engin producteur de la force motrice, surtout le moteur à gaz et ses dérivés, doit satisfaire l'industriel ou l'acquéreur de la façon la plus absolue sous le rapport :

1° Du *fonctionnement parfait ;*

2° De la *simplicité bien comprise.*

Pour remplir ces deux conditions il est nécessaire que le constructeur, partant d'une conception très étudiée d'un moteur et s'appuyant sur des expériences personnelles ou comparatives, en établisse tous les organes avec beaucoup plus de précision qu'il n'est d'habitude dans la mécanique courante.

Il faut bien se rappeler, en effet, que cette machine à explosion va fonctionner à des températures peu ordinaires et qu'il y aura lieu de parer, plus que dans le moteur à vapeur, à l'usure résultant de chocs plus ou moins violents.

Comme, par ailleurs, il n'y a ordinairement qu'une course motrice pour 2 tours au lieu de 4, on devra donner beaucoup plus de force aux diverses parties, au volant, en particulier, dont la régularité dépend.

Dans un moteur bien construit, les organes devront être particulièrement robustes sans exagération ; les matériaux, de la meilleure qualité possible ; les formes obtenues avec toute la précision désirable au moyen d'un outillage moderne permettant la fabrication de pièces interchangeables et calibrées.

Ainsi on est certain, avec des pièces ouvrées en séries, d'assurer l'exactitude d'ajustage et de faciliter le montage ou le remplacement rapide lors des visites ou des réparations.

La simplicité des mécanismes, en diminuant les chances

d'usure, restreindra l'entretien et la surveillance tandis que, les frottements étant alors proportionnellement réduits, le rendement s'en trouvera amélioré.

Dans les moteurs construits avec soin, le *bâti* présente une grande rigidité ainsi qu'une large surface d'appui sur sa fondation ; son poids assure une stabilité parfaite à l'ensemble et les paliers, venus de fonte de préférence, présentent une grande surface de frottement.

Le cylindre est généralement amovible afin qu'on puisse, au besoin, le démonter ; mais il doit, dans tous les cas, être parfaitement repéré pour être replacé exactement dans sa position. On le fait en fonte dure, à grain serré sans soufflures et sans défauts de fonderie ; autant que possible l'enveloppe sera fondue indépendante du corps cylindrique et on laissera entre les deux un intervalle largement suffisant pour la circulation de l'eau de refroidissement. Il ne faut pas oublier que le cylindre, où s'opère la combustion, est susceptible de s'échauffer sur la partie en contact avec la flamme alors que son autre face est refroidie par l'eau ; il est, on le voit, indispensable de s'opposer aux déformations.

Il arrive parfois que le rendement est diminué par l'échauffement du cylindre ; c'est là un accident qu'il est urgent de faire disparaître sans délai, non seulement à cause de la perturbation qui s'ensuit dans la marche du moteur, mais parce qu'un grippement insolite est à craindre qui nécessiterait une assez grosse réparation, et, par conséquent, un long arrêt.

On arrête le moteur, on graisse bien le piston on laisse refroidir suffisamment avant de remettre en route, s'assurant que l'eau qui a continué à circuler possède une température normale.

Enfin, lors de la course d'aspiration, il peut y avoir variation dans la qualité et la pression du mélange tonnant ;

on entend alors le moteur produire un bruit que l'on désigne par l'expression : taper.

On devra donc régler avec soin les robinets ou autres organes, en se rappelant que la vitesse du moteur intervient dans la rapidité de l'allumage et que la richesse du mélange aide à la propagation vive de la flamme.

Un point extrêmement important, c'est l'étanchéité, et l'on a toute satisfaction à ce sujet en procédant à un alésage rigoureux.

Les joints doivent être simples et prompts à refaire ; il faut pouvoir nettoyer l'intérieur du cylindre, avec la plus grande facilité.

Le métal du piston est à la fois dur, résistant et élastique ; les segments, en nombre suffisant et à joints chevauchés, doivent être bien repérés afin que les surfaces frottantes soient toujours les mêmes, ce qui diminue l'usure du cylindre.

Il faut, pour le graissage du cylindre, n'employer que de l'huile minérale pouvant résister à une température élevée ; l'huile ordinaire est absolument prohibée, car elle formerait rapidement du cambouis à l'intérieur du cylindre et, en particulier, sur les bagues du piston.

En fabriquant les bielles en acier, on diminue sensiblement le poids et les chocs pour une même rigidité ; les têtes et pieds de bielle doivent être étudiés dans le même esprit.

Il est très important que les autres organes, tels que volants, vilebrequins, arbres à cames, leviers, etc., présentent une grande résistance jointe à une simplicité et à une légèreté convenables ; c'est une façon de diminuer les frottements et les pertes par inertie, au plus grand bénéfice de la durée et du bon fonctionnement du moteur.

Une sage précaution consiste à disposer le régulateur non seulement en vue d'une marche parfaite et d'une grande sensibilité, mais il faut pouvoir, en outre, faire varier la vitesse pendant la marche.

Les soupapes et boîtes à soupapes ont besoin d'être interchangeables et surtout parfaitement accessibles pour la visite et le nettoyage ; leurs ressorts seront calculés sans excès de rigidité, afin de ne pas nuire à la sensibilité du régulateur, tout en assurant la dépense de gaz strictement nécessaire.

L'entrée du gaz et de l'air est réglée par des robinets que l'on place en des endroits très accessibles ; on les munit de repères indiquant, sans trop de tâtonnements, les proportions répondant au meilleur mélange tonnant.

La capacité du pot d'échappement est de 12 à 15 fois la cylindrée ; il faut le munir d'un purgeur.

Au moment de la *mise en marche*, qu'elle ait lieu à la main ou au moyen de l'appareil automatique appelé *self-starter*, et après vérification de la *propreté intérieure des tuyauteries*, il faut nettoyer convenablement toutes les surfaces frottantes et les graisser abondamment ; on s'assure que les graisseurs compte-gouttes et autres sont suffisamment approvisionnés ; on ouvre les robinets pour l'eau de refroidissement puis ceux devant fournir le mélange gazeux, après que l'on aura disposé l'inflammation de façon certaine.

On lance ensuite vigoureusement le volant en veillant bien aux retours possibles de celui-ci à contre-sens (à cause de la compression, qui fait réaction), et lors desquels on doit lâcher le volant assez à temps pour ne pas se laisser entraîner.

Pour *l'entretien*, il n'y a dans la plupart des cas qu'à surveiller les graisseurs et à vérifier s'il y a bien, de loin en loin, un coup d'aspiration à vide, ce qui indique que le moteur fait plus que la force dont on a besoin.

L'*arrêt* du moteur se fait, de préférence, en fermant les

robinets d'accès de gaz ou d'essence ; on prend la précaution de rechercher la position de manivelle qui fatigue le
moins les ressorts des soupapes avant d'abandonner la
machine au repos.

Il est à peine besoin de mentionner la nécessité de procéder, de temps en temps, à un nettoyage et à une visite
des organes de la distribution et de l'explosion.

Refroidissement (fig. 712). — Avant de décrire les

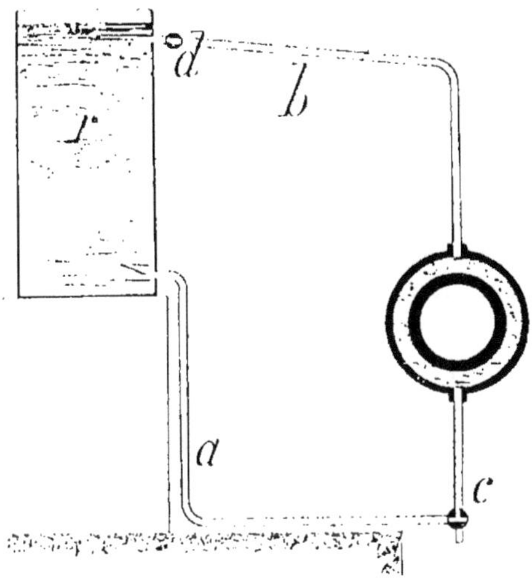

Fig. 712.

moteurs les plus répandus, il est bon de relater les dispositions que l'on prend pour obvier à l'élévation de la température du cylindre, ainsi que les précautions générales de
l'installation.

La combustion du mélange tonnant a lieu, comme on l'a
vu, à l'intérieur même du cylindre et la chemise d'eau qui
l'entoure doit, afin qu'il n'y ait ni grippage des surfaces ni

carbonisation des lubrifiants, rendre l'eau de refroidissement à 70 degrés maximum ; on estime de 20 à 25 litres par cheval-heure la quantité d'eau nécessaire ; à cette température, il n'y a pas lieu de craindre la formation de dépôts calcaires.

Lorsque la circulation de l'eau a lieu sous la pression générale, il n'y a qu'à en régler le débit par un robinet ; mais, en une foule de circonstances on sera obligé de recourir à l'installation soit d'une pompe, ce qui n'est qu'une variante de l'eau en pression, soit d'un thermosiphon qui permet de se servir presque uniquement de la même eau.

Cette méthode, qui ne doit être appliquée qu'aux engins de faible puissance, consiste à placer, à proximité du moteur, un réservoir r qui fasse charge sur le cylindre ; le fond est au niveau du cylindre ; un tuyau a réunit leurs parties inférieures, tandis qu'un second tuyau b part du haut du cylindre pour aboutir à 0 m. 10 environ en dessous du niveau de l'eau dans le réservoir.

Il est indispensable que celui-ci aille en montant ainsi que le montre la figure.

La pente est de 1/8 environ.

Le fonctionnement est le suivant : l'eau, plus chaude autour du cylindre à cause des explosions successives, étant de densité moindre que celle du tuyau a, a tendance à s'élever et, par conséquent, à être remplacée par celle de b ; ce mouvement ascensionnel va donc provoquer une légère circulation ; il y aura afflux d'eau froide par le bas du réservoir avec retour dans le haut et l'on comprend immédiatement que l'eau se refroidira suffisamment si la capacité du réservoir est bien proportionnée.

Il n'est pas prudent de réduire cette capacité en considération de ce que le moteur ne doit fonctionner que par intervalles.

On choisira des parois minces, qui facilitent le refroidissement, et on s'assurera que le tuyau b n'a aucune partie horizontale.

L'eau du réservoir s'évapore légèrement ; il faut avoir soin d'en surveiller le niveau et d'ajouter la quantité de liquide nécessaire pour le rétablir.

Il est bon de prévoir un robinet c pour la vidange générale surtout à cause des effets de la gelée ; on le fait parfois à trois voies, afin d'avoir la ressource de rendre le réservoir indépendant de la machine ; le robinet d est aussi prévu pour cet objet.

Selon les types de moteurs, c'est-à-dire selon la composition du mélange tonnant, le volume du thermosiphon doit être de :

```
 300 à  500 litres pour une force de 1 cheval.
 600 à  800              —         2 chevaux.
1000 à 1500             —         4 à 5 chevaux.
2000 à 2500             —         6 à 7    —
3000 à 3500             —         8 à 12   —
```

Lors de la mise en marche, quel que soit le mode de refroidissement adopté, il est indispensable d'assurer au préalable la circulation de l'eau en *ouvrant les robinets ;* on ferait inévitablement fendre le cylindre si l'on introduisait brusquement le liquide froid, après que le moteur aurait tourné pendant un laps de temps suffisant pour l'échauffer.

Installation (fig. 713). — En dehors des motifs qui auront fixé l'endroit où un moteur sera installé, à l'abri de l'humidité et des poussières, on doit en choisir l'emplacement de telle sorte que tous les organes soient facilement abordables et que l'on puisse, en particulier, faire tourner le volant à la main, et très facilement, ou le démonter ainsi que visiter les soupapes.

Nous n'avons pas à entrer pour l'instant dans le détail des

fondations ou agencements spéciaux à chaque machine, pour lesquels le constructeur a élaboré des prescriptions qu'il résume, en général, dans des notices dont les grandes lignes sont reproduites plus loin ; mais il est des indications

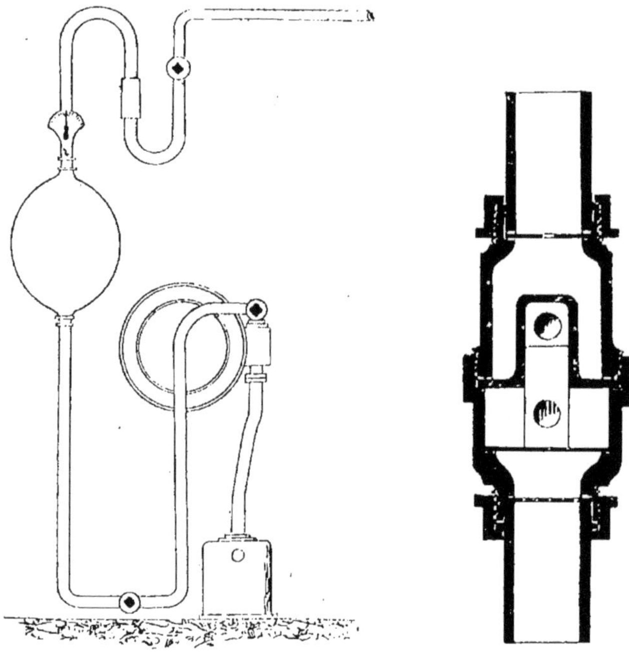

Fig. 713.   Fig. 714.

communes à tous les moteurs que nous pouvons déjà condenser ici.

Les moteurs à pétrole et à alcool portent leurs réservoirs d'alimentation, tandis que les moteurs à gaz de ville demandent l'installation d'une canalisation qui doit partir d'un compteur spécial autant que faire se peut ; l'aspiration directe sur les conduites a l'inconvénient de faire danser les becs de l'immeuble ou même ceux du voisinage, surtout lorsque les tuyaux de canalisation sont d'un diamètre trop faible.

Sur le parcours de l'arrivée du gaz, on place des poches en caoutchouc en tandem, formant réservoir et contrebalançant l'effet ci-dessus ; on les suspend en général à un mur dont on les écarte de 0 m. 10 environ afin qu'elles se dilatent librement.

On prend le soin de les mettre à l'abri des éclaboussures d'huile qui décomposent le caoutchouc.

Pendant la marche, l'aspiration doit, d'ailleurs, se voir sensiblement sur la poche principale.

Quelques constructeurs recommandent l'emploi d'un rhéomètre antipulsateur (fig. 714) qui contrebalance dans une certaine mesure les effets de l'aspiration sur une colonne générale.

Il est bon de prévoir un robinet d'arrêt après le compteur et des tuyaux de purge sur la canalisation, selon les nécessités.

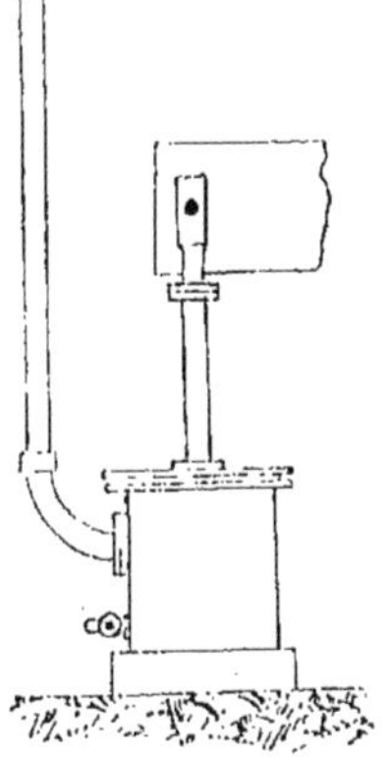

Fig. 715.

Dans le but d'amortir le son, les produits de la combustion s'échappent dans une capacité placée tout près du moteur, et appelée réservoir, boîte ou pot d'échappement (dash-pot) d'où ils sont ensuite dirigés à l'extérieur (fig. 715).

Il faut avoir grand soin de ne pas fixer les tuyaux d'échappement à proximité de matières inflammables ou de pièces de bois ; ils doivent être aussi directs que possible et, en tous cas, prévus avec des arrondis de fort rayon ; il est absolument prohibé de les faire déboucher dans un drain ou dans une cheminée où pourraient s'accumuler des gaz.

La purge destinée à enlever l'eau de condensation des gaz brûlés doit être souvent vérifiée et ouverte.

CHAPITRE III

MOTEURS

Moteur Lenoir. — Nous avons signalé dans notre introduction, en traçant un historique résumé des tentatives, si longtemps infructueuses, faites pour utiliser la force expansive d'un mélange d'air et de gaz carburé et porté à l'incandescence, la place considérable qui revenait à cet inventeur, véritable précurseur dans l'industrie aujourd'hui si développée des moteurs à explosion.

Moteur à gaz horizontal (fig. 716). — La bielle est articulée directement sur le piston formant fourreau ; le cylindre est à chemise rapportée et à enveloppe d'eau ; dans quelques types anciens se rencontre encore le cylindre à ailettes de refroidissement ; on ne préconise plus ce système, reconnu insuffisant.

Le bâti proprement dit n'est pas fondu avec le socle qu'il est dès lors possible de construire en maçonnerie.

Les soupapes sont fixées à la partie arrière du cylindre ; la soupape d'arrivée du mélange tonnant est soulevée automatiquement lors de la course d'aspiration ; la soupape d'échappement est commandée par une came montée sur l'arbre de distribution, lequel possède une vitesse de moitié moindre que celle de l'arbre du vilebrequin.

Le régulateur, soit du type à boules, soit du type pendulaire, agit sur la soupape d'admission de gaz pour en empêcher la levée selon le principe du *tout ou rien*.

L'allumage a lieu, ad libitum, tantôt électriquement et
tantôt par le tube incandescent; le démarrage se fait en

Fig. 716.

donnant au volant une impulsion initiale qui provoque les
explosions motrices; un galet spécial (fig. 717) empêche,
lors de la mise en marche, la soupape d'échappement de
s'appliquer sur son siège, de façon à supprimer la compression et à faciliter, au contraire, la sortie de l'air par cette

même soupape. Il suffit de tirer le manchon ou la came dans un sens ou dans l'autre, lors du démarrage, et de remettre les organes en position pour la marche normale.

Pour des puissances jusqu'à 10 chevaux on n'attelle qu'une bielle sur l'arbre; de 12 à 50 chevaux, on dispose deux cylindres côte à côte; les crosses des tiges des pistons sont, dans ce cas, guidées par des glissières et les bielles s'articulent sur des manivelles ayant exactement les mêmes points morts haut et bas,

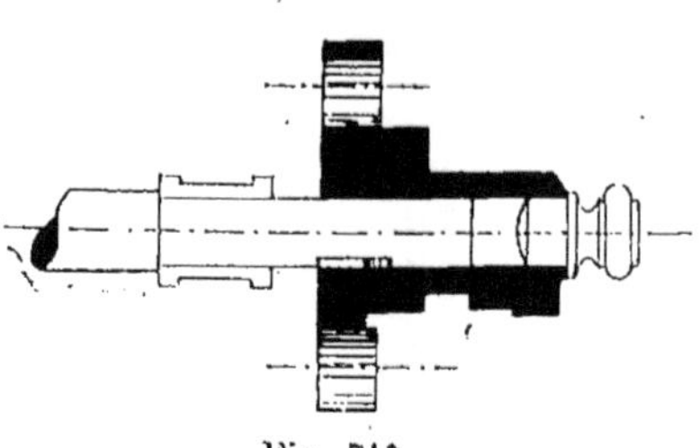

Fig. 717.

ce qui nécessite des volants beaucoup plus lourds qu'avec des manivelles calées à 180 degrés et donnant ainsi une explosion par tour; on paraît avoir recherché, de ce fait, surtout la simplicité des mécanismes par la suppression de dispositifs spéciaux à la distribution dans chacun des cylindres.

Dans ces derniers moteurs l'allumage est exclusivement électrique; l'étincelle est obtenue au moyen d'une pile dont les fils aboutissent à la chambre de combustion et dont on ferme le circuit, ou d'une bobine à courant secondaire.

La vitesse des petits moteurs est de 250 tours environ par minute; elle peut être légèrement augmentée et entraîner, par suite, une augmentation de la force motrice au moyen d'une disposition particulière de l'allumeur.

Celui-ci est réglable par un écrou pouvant s'élever plus ou moins sur une tige filetée qui lui est parallèle.

Le graissage a lieu, selon les parties à lubrifier, soit par des graisseurs compte-gouttes, soit par des graisseurs à graisse consistante à ressort ou à vis.

Nous avons dit précédemment que, malgré toutes les

précautions prises pour l'évacuation complète des gaz inertes, des encrassages étaient inévitables dans tous les

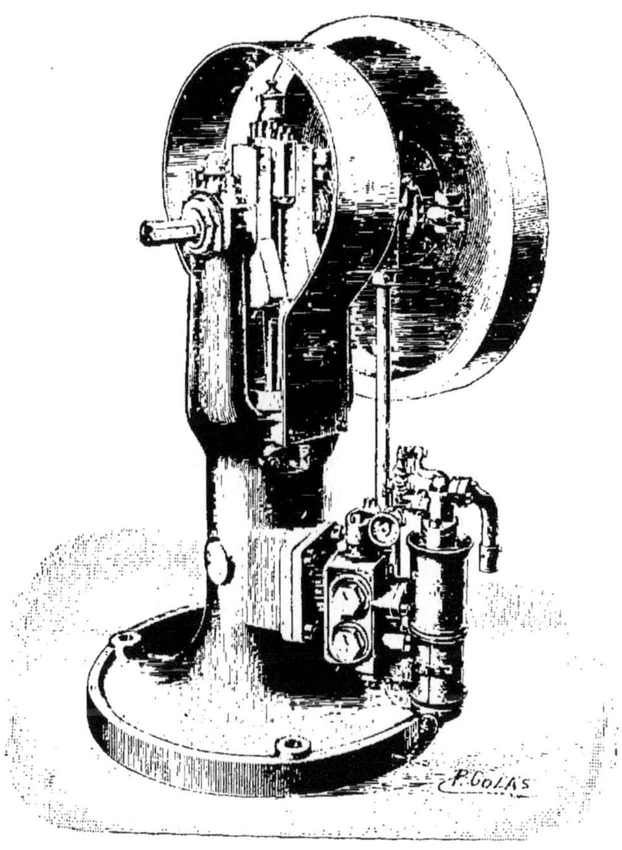

Fig. 718.

moteurs à mélange tonnant ; le cambouis formé peut obstruer plus ou moins les sièges des soupapes et nuire au fonctionnement de l'appareil en laissant échapper des proportions importantes de gaz frais qui s'enflamme alors dans les conduites d'échappement.

Une des principales causes des encrassages est l'emploi d'huiles non appropriées aux températures développées lors de l'explosion.

Lorsque le moteur tape, il faut par conséquent procéder à un nettoyage intérieur en enlevant bielle et piston que l'on aura soin de remonter ensuite exactement suivant les mêmes repères.

Moteur à gaz vertical (fig. 718). — Presque tout ce qui a été dit du moteur horizontal est applicable au type ver-tical que l'on réserve aux petites forces, de 10 kilogram-mètres à 5 chevaux, à un seul cylindre, ou 10 chevaux à 2 cylindres.

Le régulateur est du type pendulaire ou à inertie mise en jeu par la vitesse du volant; la came d'admission est mobile sur un manchon glissant le long de l'arbre de dis-tribution et le gaz est laminé sous l'influence de l'accéléra-tion de la vitesse du moteur.

Moteurs à pétrole. — La machine, construite vers 1885 et fonctionnant par l'air carburé dans un cylindre rotatif, préalablement à son entrée dans la chambre de combustion, a cédé la place aux moteurs actuels semblables aux types utilisant le gaz d'éclairage, sauf en ce qui concerne la for-mation du mélange tonnant.

Le pétrole tombe goutte à goutte sur un vaporisateur porté à l'incandescence par un brûleur également alimenté par le réservoir commun.

Lors de l'allumage, on chauffe le brûleur en versant de l'alcool auquel on met le feu, dans une petite coupelle infé-rieure; quand la température est à un degré suffisant, on fait arriver le pétrole dans le brûleur; il s'enflamme et chauffe à son tour le carburateur.

MOTEUR OTTO A SOUPAPES

Ce moteur se construit depuis les plus petites forces
(1 cheval) jusqu'aux plus grandes (1.000 chevaux), mais

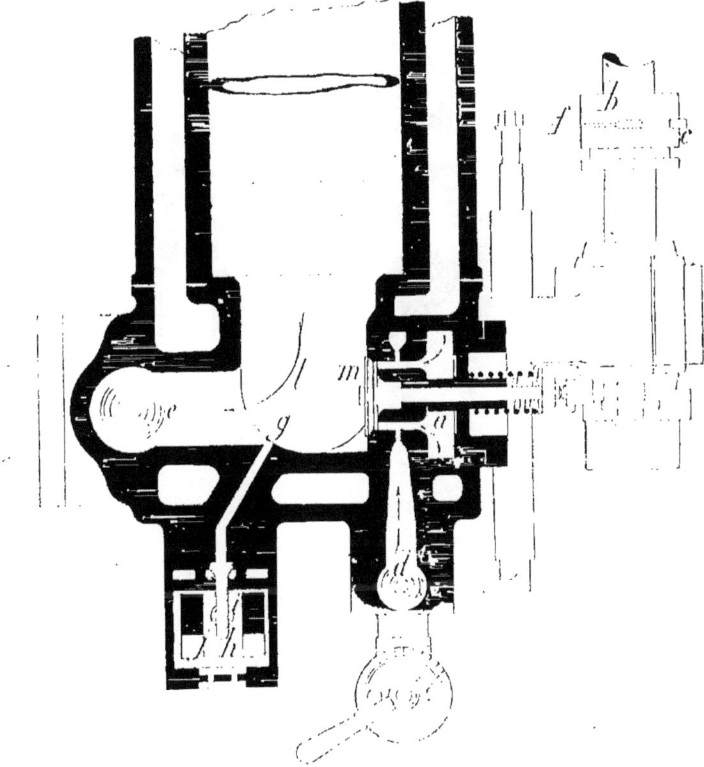

Fig. 749.

cependant il varie assez essentiellement pour que nous dé-
taillions certaines de ses particularités ; ce que nous en

dirons, d'ailleurs, peut s'appliquer à nombre de machines motrices dont ce type a été le précurseur et qui se sont inspirées de ses principaux perfectionnements ; cela nous évitera des redites.

On le rencontre, le plus souvent, sous le genre d'un

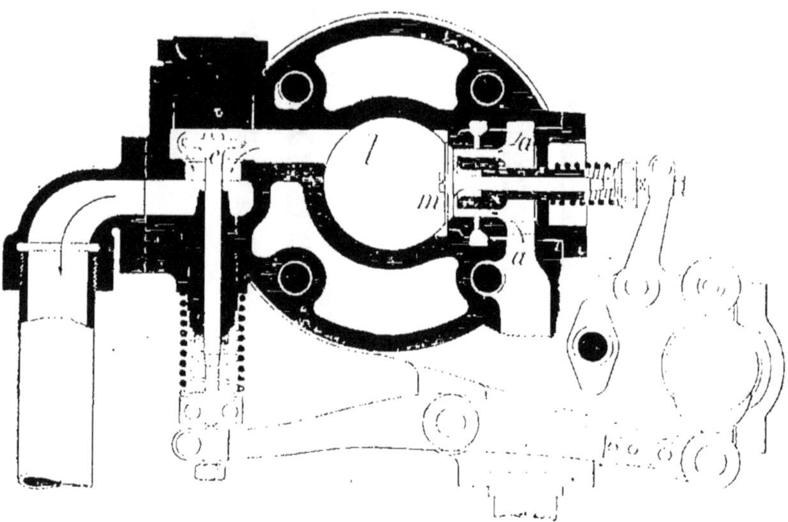

Fig. 720.

moteur horizontal et les plus répandus sont évidemment ceux de 1 à 30 chevaux ; il se fait aussi un moteur vertical à gaz pour les petites forces de 3/4 à 5 chevaux ; au-dessus de 30 chevaux, le type est semblable, comme théorie, au moteur horizontal de moindre force, mais l'ensemble présente d'assez notables différences dans les dispositions de ses organes.

Nous dirons enfin quelques mots des moteurs à pétrole, à essence, à alcool ou à gaz pauvre imaginés par cette maison.

Moteur horizontal. — Son fonctionnement a lieu selon les quatre périodes du cycle Beau de Rochas ou Otto (voir les généralités du préambule) : aspiration, compression, inflammation et extension, échappement.

Ces quatre phases sont réalisées au moyen d'une distribution par trois soupapes qui sont disposées dans des boîtes indépendantes facilement accessibles (fig. 719 et 720).

1º *La soupape de dosage* du gaz *d* est placée contre le

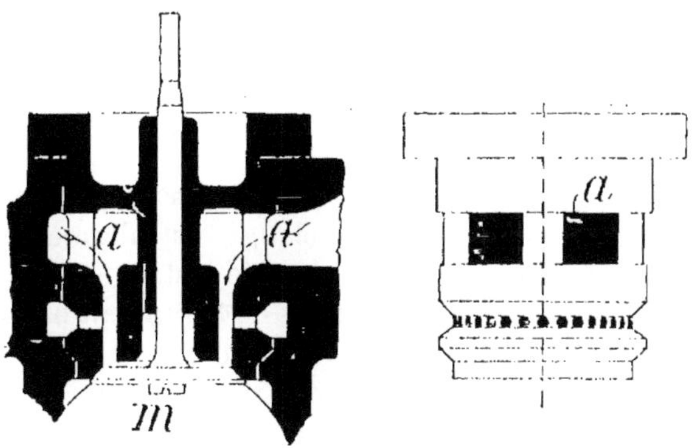

Fig. 721.   Fig. 722.

robinet d'admission de ce fluide et elle est soumise à l'action du régulateur par l'intermédiaire de renvois ;

2º *La soupape de mélange m* est figurée sur le côté de la culasse ; commandée par une came de l'arbre de distribution et par l'intermédiaire d'un levier d'équerre, cette soupape règle l'introduction du mélange de gaz et d'air dans la chambre d'explosion.

On voit nettement la disposition de cette soupape et de son siège et comment on obtient le mélange intime de l'air et du gaz : l'air arrive au clapet par l'espace annulaire *a* qui entoure la tige de soupape et il se trouve, à cet endroit, traversé par le gaz qui, avec une faible pression, arrive par les petits trous de la couronne (fig. 721 et 722). Le remous que le gaz crée ainsi dans l'écoulement de l'air suffit pour opérer un brassage et un mélange intime des deux fluides;

3° *La soupape d'échappement* des gaz brûlés *c* est placée sur le côté de la culasse, mais à l'opposé de la soupape de mélange, selon un diamètre horizontal.

Pendant la période d'*Admission*, la soupape d'échappement est fermée, tandis que les soupapes de dosage et de mélange s'ouvrent.

Lors de la *Compression*, toutes les soupapes sont fermées, de sorte que le mélange aspiré précédemment est comprimé.

La période de *Travail* se produit ensuite, c'est-à-dire à la fin de la Compression : le mélange est allumé au point mort et l'expansion des gaz pousse le piston.

Enfin, pour la phase ou temps d'*Échappement*, la soupape d'échappement au dehors est ouverte à la fin de la course motrice, et les gaz brûlés sont évacués.

Le *Régulateur* de vitesse et d'admission est un régulateur à boules à force centrifuge; il agit sur la distribution en déplaçant, sur l'arbre de distribution, le manchon *b* qui porte la came d'admission de gaz.

A la vitesse de régime, le régulateur maintient le manchon de façon à laisser la came *c* en prise avec le levier *f* qui actionne la soupape de dosage, mais si la vitesse augmente et dépasse la vitesse normale, le régulateur pousse le manchon et, dès lors, la came n'a plus de prise sur le levier.

Le moteur marche alors sans admission de gaz jusqu'à ce que la vitesse de régime soit rétablie; c'est ce que, dans ce cas, on nomme la méthode du *tout ou rien*.

On remarquera cependant que cette came peut être faite plus longue et, en outre, graduée de manière à faire des admissions variables de gaz; cette came conique est, en

effet, adoptée dans les moteurs pour l'éclairage électrique,
afin d'augmenter la régularité de la marche.

Dans le moteur
Otto type, l'*Allu-*
mage se fait par
tube incandescent h
(fig. 723); ce tube
est en porcelaine,
fermé d'un bout et
enchâssé dans une
rondelle en cuivre
de l'autre; il est as-
sujetti au centre
d'un foyer en ag-
gloméré d'amiante
et il est chauffé par
un bec Bunsen i;
le tout est enfermé
dans une enveloppe
en fonte.

Le brûleur, en se
vissant au fond de
la culasse, applique
la rondelle en cuivre
du tube contre la
culasse; il y a là,
d'ailleurs, un joint

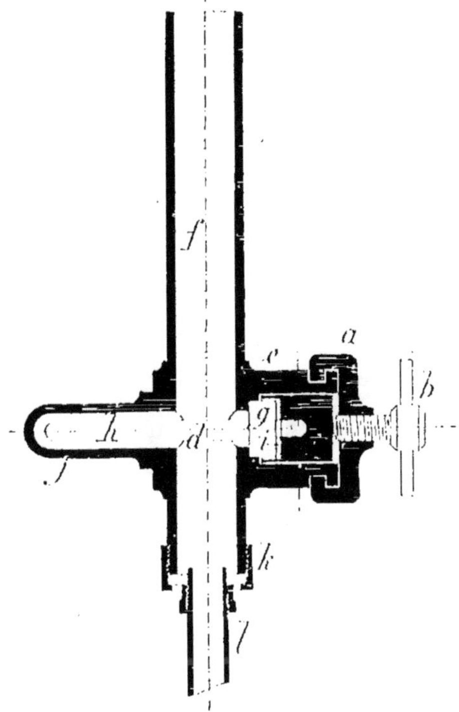

Fig. 723.

en carton d'amiante. Par un petit canal g, le tube h est en
communication constante avec la chambre de compression l à l'arrière du piston.

Pendant la période d'admission, le tube h et le canal d'allumage g sont remplis d'air ou de gaz brûlés et le mélange
combustible ne peut y pénétrer; mais lors de la période de
compression, l'air ou les gaz brûlés sont refoulés au fond

du tube et le mélange vient s'allumer à la partie chaude du tube.

On peut régler le point d'allumage en augmentant ou en diminuant la capacité du canal d'allumage par un tube en fer, placé d'équerre à ce canal.

Brûleur Guillou (fig. 723, 723 *bis*, 724). — M. Guillou a transformé d'une façon heureuse le brûleur du moteur

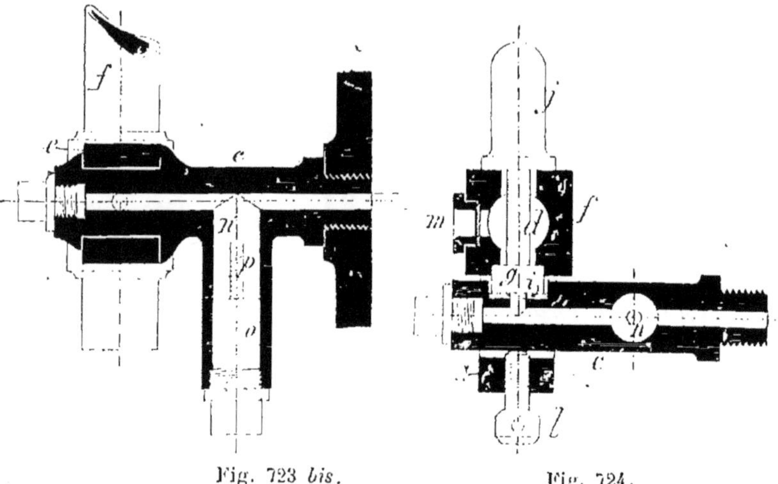

Fig. 723 *bis*.   Fig. 724.

Otto en conservant le tube de porcelaine enchâssé dans sa rondelle, mais en disposant autrement le foyer, le Bunsen et l'enveloppe. Dans le brûleur Guillou, le remplacement du tube se fait plus facilement et la consommation est moindre.

L'inflammation, réalisée par ce dispositif, constitue ce que l'inventeur appelle l'allumage libre, c'est-à-dire ne comportant ni soupape, ni tiroir, ni organe mécanique quelconque, d'entretien toujours délicat et d'usure rapide. Il ne peut se dérégler inopinément et donner lieu, par suite, à des inflammations intempestives comme cela est toujours à craindre avec les allumages commandés où l'étanchéité est rapidement perdue.

Les tubes d'ignition sont en porcelaine spéciale pouvant supporter une très haute température d'allumage (1.400 degrés environ) ; toutes les parties sont disposées de manière à obtenir l'incandescence parfaite du tube avec une très faible dépense de gaz (40 litres à l'heure). Ils sont placés horizontalement et ne subissent pas, par conséquent, les variations de la pression du gaz ou de la hauteur de flamme du brûleur.

Le système est pourvu d'un mode de réglage par lequel le point d'allumage se détermine d'une façon parfaite et peut se modifier, s'il y a lieu, en cours de service.

Le brûleur Guillou est d'un démontage extrêmement simple grâce au dispositif suivant : monté sur un support fixé à demeure au moteur, à l'emplacement approprié, il est retenu en place par une fourche ou verrou a dans l'axe duquel passe une vis de pression b dont le but est de l'appuyer fortement sur la pièce c formant canal de communication entre le tube d'allumage d et le cylindre ou la chambre d'explosion ; nous reviendrons plus loin sur une particularité de cet organe d.

Le verrou a fait traction sur une chape latérale e de la cheminée d'allumage f ; cet effort est supporté par l'embase g du tube fermé en porcelaine h avec interposition d'une rondelle d'amiante i logée dans une fraisure du support ; l'étanchéité est ainsi parfaitement assurée, de sorte qu'il n'y a aucune communication possible entre le dedans du cylindre et l'air ambiant.

Le tube en porcelaine h traverse donc horizontalement la cheminée d'allumage f garnie, à ses abords, d'une chemise intérieure d'amiante ; son surplus est protégé par un appendice j diamétralement opposé à la chape e ; la cheminée est munie d'ouvertures d'évacuation à la partie supérieure et reçoit, à son extrémité basse, un écrou à 8 pans h faisant serrage sur un croisillon auquel est relié, par filetage, le tube du bunsen l; enfin ce dernier est pourvu d'un pointeau avec contre-écrou pour le réglage du débit du gaz.

La flamme du bunsen, en rencontrant le tube en porcelaine h, va donc le maintenir incandescent, ce que l'on constate par un petit regard en mica m qui permet ainsi de se rendre un compte exact de son état.

Le support c, qui tient lieu de tuyau de communication entre le tube en porcelaine h et la chambre du moteur, est muni d'une capacité m appelée chambre de purge; le but de cette dernière est de loger, pendant la compression, les gaz inertes qui remplissaient l'appareil d'allumage après l'explosion précédente; de la sorte, dans la période de compression, le mélange explosif peut atteindre le tube d'ignition, si le volume de la chambre de purge est suffisant; par conséquent encore, plus elle sera grande et moins le mélange explosif éprouvera de difficulté pour atteindre le tube d'ignition et il s'enflammera plus vite.

Le réglage s'opérera donc en augmentant ou en diminuant la capacité de la chambre n, ce que l'on dénomme avancer ou retarder le *point d'allumage*; on y arrive en introduisant dans la chambre de purge un nombre plus ou moins grand de rondelles o vissées sur une tige centrale p faisant corps avec le bouchon (fig. 723 *bis*).

Pour donner de l'avance à l'allumage, on supprime une ou plusieurs rondelles, tandis que pour obtenir du retard, on réduit le volume par adjonction de quelques rondelles.

Il peut se faire qu'il soit nécessaire d'augmenter encore plus l'avance à l'allumage après qu'on aura enlevé toutes les rondelles; on remplace alors le bouchon par un tube fermé offrant un volume additionnel variant selon les besoins.

Pour régler convenablement le débit du bunsen, ce que l'on doit faire sur place, au moment de la mise en route du moteur, on observe la température du tube d'ignition h par le regard en mica m; il doit avoir une couleur rose clair, ce que l'on obtient en commandant l'arrivée de gaz par la vis-pointeau du bunsen.

Si le débit est trop considérable, la combustion est incomplète, l'air n'affluant pas suffisamment, et on le constate par l'odeur caractéristique d'acétylène qui se dégage aussitôt; cet excès de gaz se traduit encore par des points brillants apparaissant sur le tube et qui sont des particules très ténues de graphite libre; ils disparaissent aussitôt que, réduisant la proportion de gaz, on provoque une élévation de température.

Il y a lieu de signaler que la mise en train du moteur influence toujours la pression générale du gaz dans les canalisations de manière à la faire baisser; on devra donc régler le brûleur sur cette indication en comptant sur une dépense de 60 litres environ à l'heure qui se trouveront correspondre aux 40 litres de la marche normale.

Autre mode d'allumage. — Le moteur Otto se construit également avec un allumage électrique par magnéto, mais ce genre d'allumage est plus particulièrement appliqué aux moteurs à pétrole, essence, alcool, gaz pauvre et acétylène, etc.

Réglage. — Le réglage du moteur est fait en disposant les cames de façon à opérer la levée des soupapes pour correspondre aux différentes périodes de la distribution indiquées précédemment.

La levée de la soupape de dosage du gaz ne se fait pas pendant tout le temps de la période d'admission; cette levée est réglée de manière à obtenir la stratification du mélange explosif, observée et recommandée par Otto.

Si l'on considère, en effet, l'avancement du piston pendant la période d'admission, on doit avoir derrière le piston :

Une couche des gaz brûlés de la période précédente, gaz dont le volume est représenté par les espaces nuisibles ;

Une deuxième couche d'air ;

Une troisième couche du mélange air et gaz dans la proportion convenable.

La levée de la soupape de dosage doit donc se faire seulement pour fournir le mélange à cette troisième couche et, en assurant cette stratification, il en résultera un bon allumage à la fin de la période de compression.

Dans le réglage de la levée des soupapes, il faut de plus tenir compte de l'inertie du gaz et de l'air dans les tuyaux et, par suite, donner un peu d'avance à la levée des soupapes (dosage et mélange) ; il convient également de donner 5 pour 100 d'avance à la levée de la soupape d'échappement.

Dispositions générales du moteur. — La bielle est articulée directement au piston. Le cylindre, à enveloppe de circulation d'eau, ne porte aucun organe de distribution ; ces organes de distribution sont tous montés sur la culasse.

L'arbre de distribution, placé sur le côté droit du bâti et parallèlement à l'axe longitudinal du moteur, porte les cames de distribution ; il commande aussi, par engrenage, le régulateur de vitesse. Cet arbre est commandé par l'arbre du moteur au moyen d'engrenages hélicoïdaux dans le rapport de 1 à 2.

Le *graissage* du moteur est automatique.

La lubrification du cylindre se fait par une pompe à huile à débit variable ; tandis que le graissage de la grosse tête de bielle se fait par un graisseur fixe déversant son huile dans un anneau distributeur à force centrifuge.

Pour graisser le cylindre et le piston, on fait usage d'une

pompe spéciale (fig. 726) avec réservoir et distributeur à goutte visible non figurés mais analogues aux appareils décrits dans le volume : *Machines à vapeur*, de sorte qu'on en peut régler le débit pour la quantité d'huile qu'il faut refouler ; de 1 à 30 chevaux, les moteurs exigent environ de 12 à 30 gouttes par minute, suivant la force du mo-

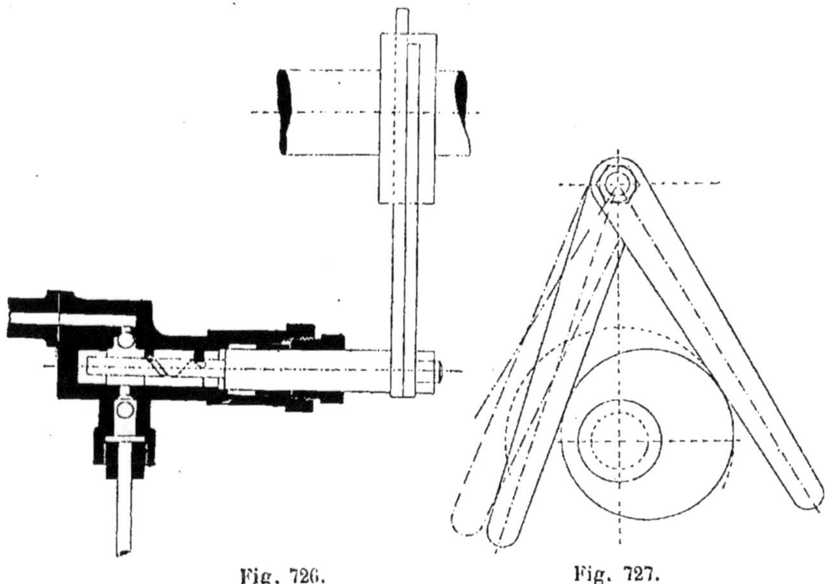

Fig. 726.   Fig. 727.

teur ; il va sans dire que, pendant les premiers temps, avec un moteur neuf, on devra forcer un peu le graissage.

C'est par la variation de la course du piston de pompe qu'on obtient un débit convenable du lubrifiant ; pour cela le piston, étant animé d'un mouvement hélicoïdal, donnera une course plus ou moins longue selon qu'il tournera plus ou moins sur lui-même ; ce principe est mis en pratique (fig. 726-727) au moyen d'un compas serré, par un écrou, sur l'extrémité de ce piston et qui permet, par conséquent, de tenir les branches à tout écartement que l'on désire.

Entre les branches du compas, oscille un excentrique qui les actionne à tour de rôle ; si l'on désire la plus grande course possible pour le piston, on les fait serrer sur l'excentrique qui provoque alors le plus grand déplacement angulaire possible (fig. 727) ; tandis que, si leur angle est plus ouvert, il y a un moment où l'action de l'excentrique est interrompue au détriment de l'amplitude et par suite de l'avancement longitudinal de l'hélice.

Si l'on désirait, lors de la mise en train du moteur, lubrifier préalablement les parois intérieures, on agirait à la main sur les branches du compas.

Le réglage s'opère par l'observation du nombre de gouttes passant au regard du graisseur et en pratiquant des repères pour le meilleur écartement des compas qui y correspond.

Piston. — La partie la plus importante d'un moteur à gaz est l'étanchéité du cylindre, que l'on réalise au moyen de segments adaptés dans des rainures du piston ; on comprend que, même avec une distribution très bien réglée, toute fuite entre les surfaces en contact donnerait lieu à des perturbations allant à l'encontre des périodes prévues, surtout si l'on songe aux pressions élevées qui sont atteintes dans les machines à mélange tonnant.

Nous devons, en conséquence, entrer dans des détails circonstanciés, relativement à la pose de ces segments, pour qu'un mécanicien puisse apporter tous les soins voulus à la pose des segments ou même simplement à leur vérification.

Les segments sont des anneaux en fonte assez minces et flexibles, sciés selon une génératrice (fig. 728 et 729) et s'ajustant très exactement dans les rainures (fig. 731) ; pour éviter qu'une fois en place ils puissent se déplacer par glissement selon la circonférence, on dispose un arrêt au fond des gorges du piston (fig. 728); pour balancer ou croiser

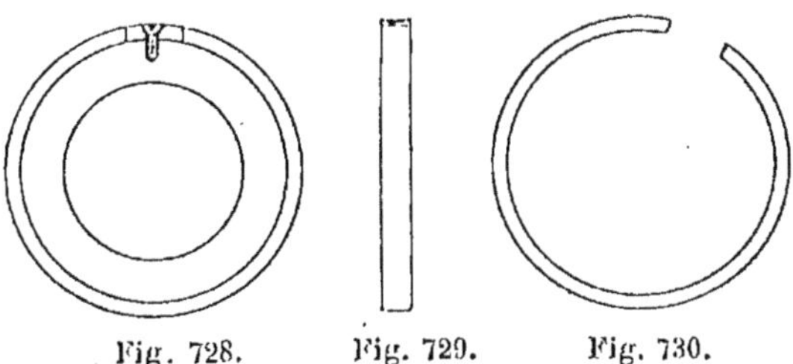

Fig. 728.   Fig. 729.   Fig. 730.

les joints, les arrêts ne sont pas fixés sur une même génératrice. Enfin les segments, abandonnés à eux-mêmes, n'affectent pas la forme d'une circonférence complètement fermée (fig. 730); leurs extrémités sont à une certaine distance afin de faire office de ressorts.

D'autre part, par usure principalement, le cylindre est ovalisé et présente des courbures selon la longueur; il est donc indispensable que les segments épousent exactement la face interne du cylindre en le plus de points possible, surtout quand le moteur a déjà beaucoup fonctionné.

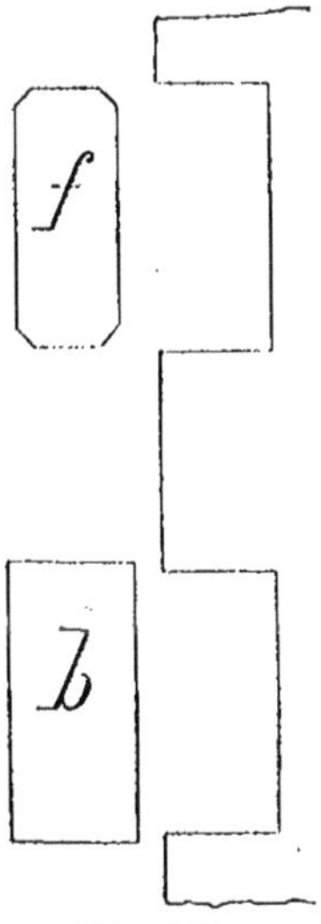

Les segments sont légèrement plus forts qu'il est nécessaire, b, en largeur et en diamètre (fig. 731); avant tout montage, il s'agit donc d'ajuster le segment à sa rainure en le fixant, pour le travail, sur une planchette bien droite où on le maintient par des pointes;

Fig. 731.

avec une lime douce, on diminue l'épaisseur jusqu'à ce qu'il puisse entrer dans la gorge sans frottement trop dur comme sans jeu.

On enlève ensuite les bavures en abattant les angles par un chanfrein *f* ; puis on présente la pièce à l'entrée du cylindre, en amenant, bien entendu, les extrémités libres l'une vers l'autre ; le plan du segment doit être bien perpendiculaire à l'axe.

On mesure alors très exactement la longueur de l'arrêt correspondant à fond de gorge et on marque soigneusement la longueur à enlever pour que les extrémités du segment viennent convenablement buter contre l'arrêt sans jeu comme sans frottement.

Puis la partie en excès est enlevée au burin ou, de préférence, à la scie ou à la lime et on place, de nouveau, le segment à l'entrée du cylindre mais, cette fois-ci, dans la position réelle qu'il occuperait sur le piston.

Avec un petit marteau et par coups légers espacés de 1 à 2 centimètres, on frappe l'intérieur du segment pour qu'il applique suffisamment contre la paroi du cylindre ; on porte particulièrement son attention aux coups d'extrémité ; cette opération est réussie quand le segment, ainsi frappé, rend un son bien égal et métallique.

Il ne reste plus qu'à monter les segments dans les gorges du piston correspondantes, et, surtout, avec la précaution voulue pour ne pas les écarter en les forçant, ce qui détruirait la courbure propice à la meilleure étanchéité désirable.

Lorsque tous les organes sont reposés en place, on met en route et on laisse le moteur tourner une heure environ, en ne négligeant pas le graissage ; puis on arrête pour limer légèrement la surface externe des segments située près des coupes, et on fait ensuite fonctionner la machine pendant toute une journée.

On examine encore les mêmes endroits, en y redonnant un coup de lime s'il est nécessaire ; le segment doit, en définitive, être partout également poli et brillant, ce qui prouve qu'il adhère exactement à la surface du cylindre et que le joint est étanché.

Vérification de la marche d'un moteur. — Le mécanicien, appelé à vérifier un moteur dont la marche n'est pas satisfaisante, devra procéder comme ci-après :

1° Il faut constater que tous les clapets sont bien rôdés et portent parfaitement sur leurs sièges ; leurs tiges seront vissées à fond dans les étriers pour que les leviers, qui actionnent les soupapes, laissent un léger jeu entre les galets de commande et les manchons portant les cames.

2° On doit vérifier si les clapets se lèvent au moment précis prévu pour la distribution, c'est-à-dire aux périodes correspondant à l'admission et à l'échappement, et avec une légère avance.

3° L'examen portera enfin sur l'allumage ou explosion qui doit avoir lieu non seulement d'une façon convenable mais aussi au bon moment.

D'ailleurs, lorsque le mécanicien peut et sait employer un appareil à relever les diagrammes ou indicateur approprié, les temps de la distribution lui seront plus faciles à contrôler sur les diagrammes ainsi fournis par l'instrument ; en outre ces courbes étant prises pendant la marche, avec toutes ses conséquences (température et chocs, entre autres), la vérification de la distribution et son réglage pourront se faire d'une façon plus exacte.

Sur les 3 diagrammes ci-contre on peut remarquer, par exemple, que le premier (fig. 732) présente trop d'avance à l'allumage ;

Le second est normal (fig. 733) ;

Le troisième (fig. 734) montre qu'il y a du retard à l'inflammation.

On vérifierait de même, par l'examen des diagrammes, si l'admission, la compression ou l'échappement se font dans de bonnes conditions.

VII. — *Moteurs fixes à gaz.* 5

Mais, lorsqu'on n'a pas d'indicateur, on ne peut procéder que par tâtonnements, car il est peu aisé, alors, de se

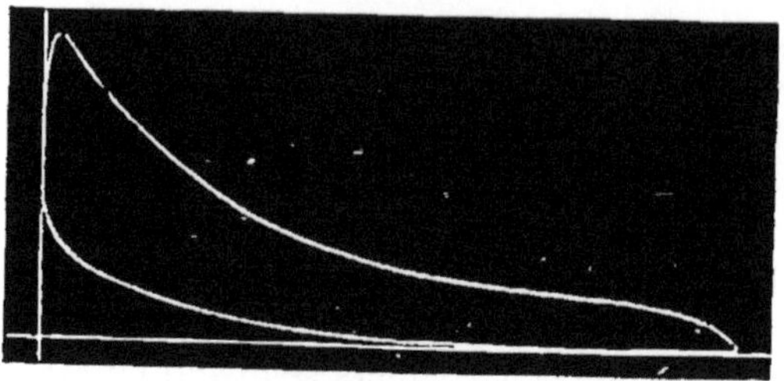

Fig. 732.

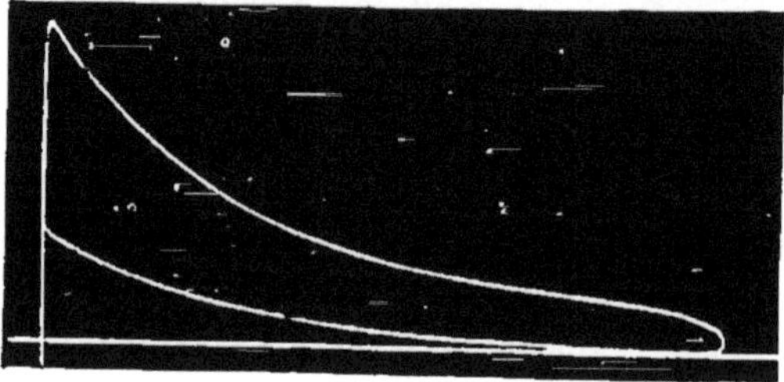

Fig. 733.

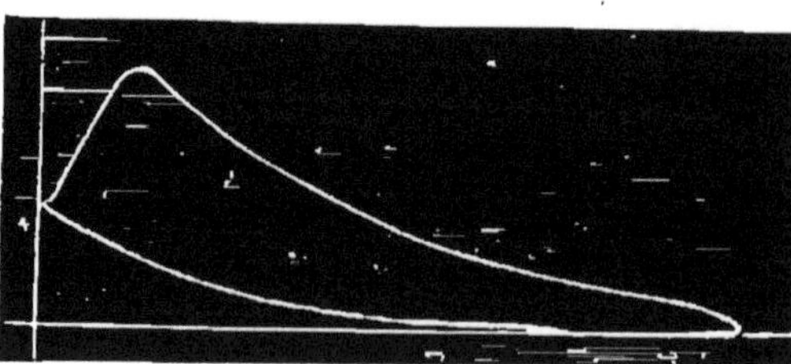

Fig. 734.

rendre compte de ce qui se passe dans le cylindre hermétique.

Souvent, en examinant attentivement la tuyauterie du moteur, on trouve la cause de son fonctionnement défectueux ; c'est ainsi que :

La canalisation de gaz peut être engorgée par de la naphtaline ou par de l'eau de condensation ;

Le tuyau d'échappement est susceptible d'être obstrué

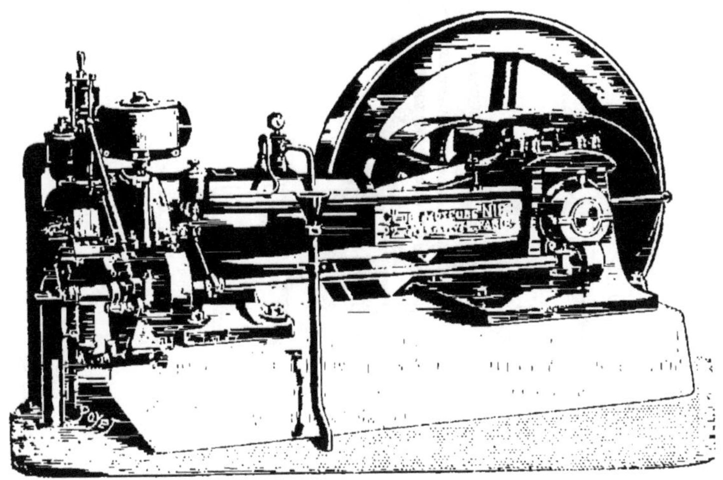

Fig. 735.

par un dépôt de poussières de charbon, d'huile, de cambouis ou même de coke adhérent.

Fréquemment, l'encrassement de la tuyauterie d'échappement provient d'un graissage trop abondant ou d'un allumage défectueux ou des deux à la fois.

Moteur Niel (fig. d'ensemble 735). — Le moteur, étudié par la Compagnie des moteurs Niel, fonctionne selon le cycle à quatre temps ; il est en outre basé sur le principe de l'augmentation du rendement par une compression éle-

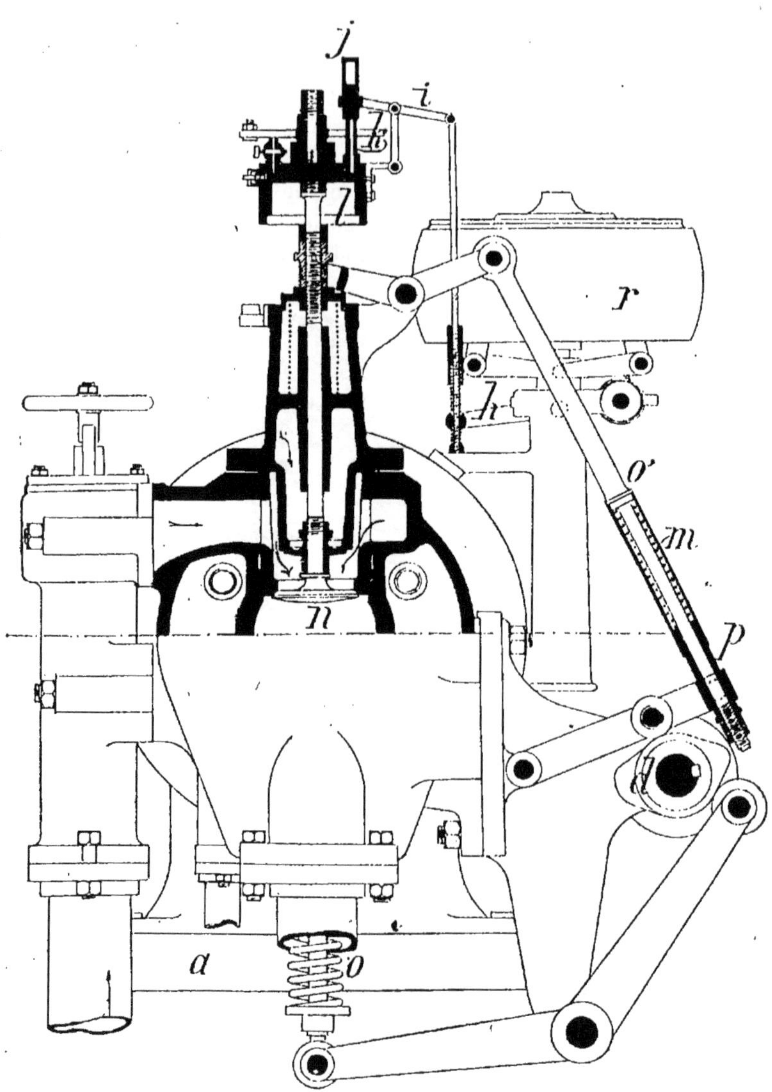

Fig. 736.

vée ; à cet effet, il est pourvu d'un régulateur centrifuge, très sensible à la variation du travail résistant que doit vaincre la machine et qui agit à la fois sur la qualité et sur la quantité du mélange tonnant.

Il est composé (fig. 735, 736 et 737) d'un solide bâti à

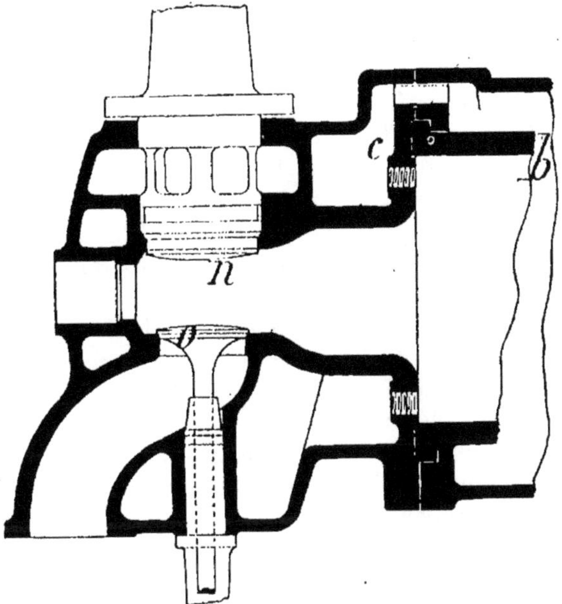

Fig. 737.

larges nervures *a*, avec une paire de paliers genre Corliss ; avec ce bâti est fondue l'enveloppe d'eau du cylindre ; le cylindre est formé par un fourreau rapporté *b*, tenu en place par le fond ou culasse *c* ; il est bon de faire remarquer que certains types moins récents ne sont pas pourvus du fourreau indépendant ; tel est le cas de la figure 738 que nous avons néanmoins tenu à montrer pour qu'on en puisse mieux saisir la différence. Cette culasse constitue la chambre de compression et porte les soupapes de distribution (fig. 737.) Le piston est très long.

Le tout est à circulation d'eau ; l'eau pénètre à la partie inférieure de la culasse *c* ; de là elle se rend autour du cylindre en passant par un tube situé à la partie supérieure de la culasse. La sortie de l'eau s'effectue à l'avant du bâti *a*, ce qui permet d'avoir une température uniforme sur toute la surface extérieure du cylindre, en évite les déformations et assure ainsi l'étanchéité du piston.

La distribution se fait (fig. 736 et 737) par deux soupapes, situées l'une au-dessus de l'autre et renfermées, toutes deux, dans la culasse ; ces deux soupapes sont commandées par des leviers recevant leur mouvement de cames calées sur l'arbre de distribution *d*, tournant deux fois moins vite que l'arbre manivelle.

La soupape d'échappement *o* a une levée fixe et invariable ; la soupape d'admission du mélange *n* a une levée variable dépendant du régulateur *r*, afin de permettre des compressions différentes.

En conséquence la marche à vide se fera avec une admission extrêmement réduite ; aussitôt la mise en charge, l'explosion sera proportionnée au travail, et la sensibilité du régulateur permettra de compter sur une vitesse constante.

Le régulateur n'agit d'ailleurs que sur un organe excessivement léger à manœuvrer, et il obéit à toutes les impulsions de la machine,

Les coussinets des paliers, au nombre de trois, sont lubrifiés par des bagues à bain d'huile.

Le graissage du piston est obtenu automatiquement par l'adjonction d'une petite pompe spéciale conduite par l'arbre à cames et refoulant l'huile au-dessus du piston, dont la longueur est suffisamment grande pour que le petit orifice d'accès ne soit jamais découvert.

Le réglage d'air s'effectue au moyen d'une soupape commandée par un volant à index *e*, avec réglette graduée.

On fait l'inflammation du mélange par l'étincelle à haute température d'une magnéto ; le point d'allumage peut varier sous l'action d'un excentrique spécial, et cela, selon les vitesses ou les carburants ; la mise en marche s'effectuera donc plus facilement en mettant l'allumage au retard, lors du départ ; dès que la machine a pris un peu de vitesse, on avance graduellement le point d'inflammation.

Le moteur Niel fonctionne soit au gaz de gazogène soit au gaz de ville ; avec ce dernier, la proportion d'air est double de celle ordinairement adoptée.

C'est ainsi qu'on peut comprimer à 11 kil. sans redouter d'explosion prématurée.

Sur la tige même de la soupape d'aspiration, se trouve montée une seconde petite soupape faisant communiquer l'arrivée du gaz avec l'arrivée d'air pur ; le fonctionnement de cette soupape est, de cette façon, intimement lié à celui de la première et sa section peut varier avec le pouvoir calorifique du gaz.

Il suffit, pour employer un carburant différent, donnant, pour le même moteur, un pouvoir explosif constant, d'étrangler plus ou moins l'entrée du gaz, en modifiant le profil de la soupape à carburant.

Le régulateur limite la levée de la soupape d'admission, sur laquelle l'arbre à came agit à la manière ordinaire, par l'intermédiaire de leviers *h*, *i*, commandant un tube *j* qui peut monter ou descendre sur un autre tube creux *k* présentant des petites lumières ; l'intérieur de ce dernier tube communique avec un cylindre atmosphérique *l*, dont le piston est relié d'une façon rigide à la soupape *n*.

Par les leviers élastiques *o* et *p*, la came d'admission agit pour provoquer l'ouverture de *n* en comprimant le ressort *m*. Tant que la vitesse de régime, proportionnée au travail, n'est pas atteinte, l'admission se fait en grand parce que le régulateur n'est pas dans sa position normale, et que les petits trous de k ne sont pas obturés par j; le piston l fonctionne alors librement.

Mais dès que l'air ne peut plus entrer aussi aisément dans le cylindre l, en raison de ce que la section d'accès a diminué, le vide relatif ainsi produit empêche la levée d'être complète, et c'est le levier o qui est comprimé par la came ; le volume introduit étant plus faible, la compression sera moins forte.

Pour la marche à l'alcool ou au pétrole (fig. 738 et 739), ou d'une manière générale à tout carburant liquide, les organes essentiels du moteur ne sont pas modifiés ; mais au lieu du robinet de réglage d'admission de gaz, on dispose (fig. 739) un distributeur de pétrole à pointeau a, commandé par la tige de la soupape d'admission b. C'est alors de l'air carburé qui arrive par la soupape à gaz c et qui se dilue dans l'air venant par la périphérie. L'air qui vient pulvériser le carburant liquide est préalablement surchauffé par son passage dans une double enveloppe aménagée dans le pot d'échappement.

Quand on marche avec ces carburants liquides, on fait agir différemment le régulateur ; dans ce cas, en effet, il fait varier la position d'un levier o qui permet ou empêche la levée de la soupape ; les admissions sont donc pleines ou nulles.

Le robinet de réglage du carburant est alimenté par un bipasse qui permet, pour mettre en marche le moteur froid, de se servir d'essence de pétrole ; on laisse tourner quelque temps le moteur dans ces conditions et, quand l'air arrive suffisamment chaud, on ferme l'accès à l'essence et l'on ouvre le robinet du carburant, qui doit ensuite alimenter normalement le moteur.

On peut se rendre nettement compte, en suivant la lé-

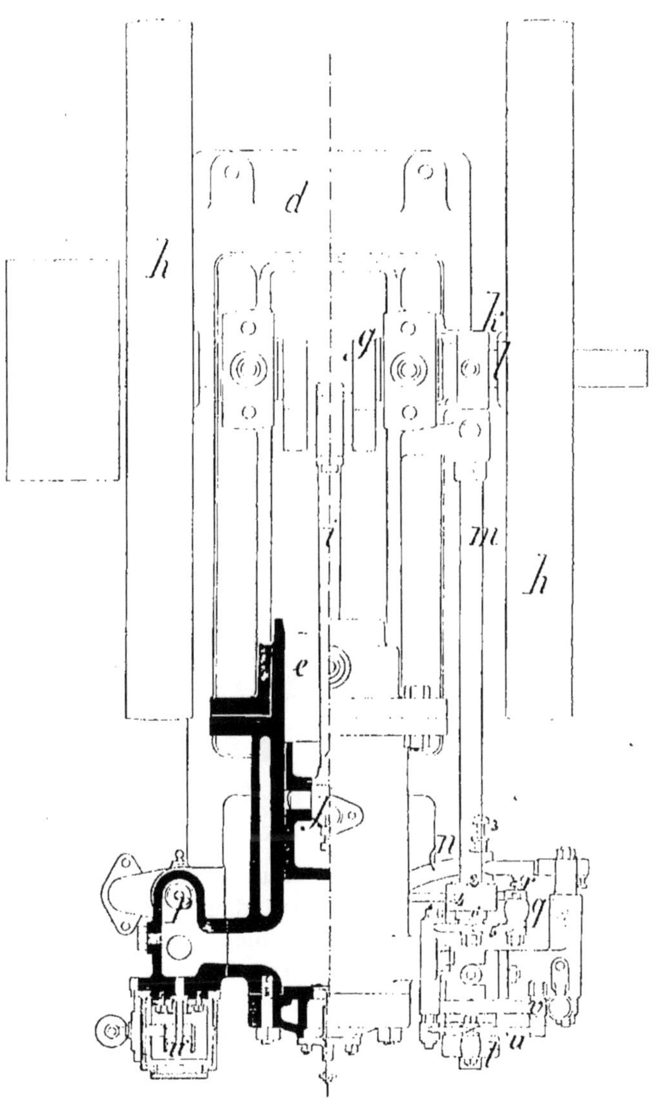

Fig. 738.

gende ci-après sur les figures 738 et 739, de la façon dont le carburateur fonctionne.

Moteur à pétrole horizontal. — La légende de cette machine, dont quelques détails sont représentés ci-contre (fig. 738), est la suivante :

d : Bâti fixé par 4 boulons sur le socle ;

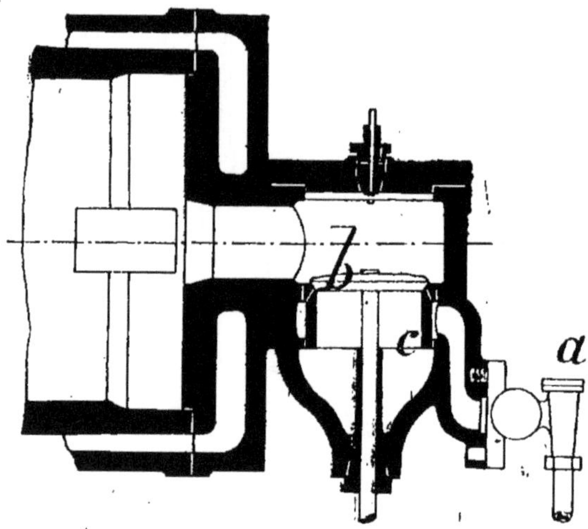

Fig. 739.

e : Cylindre dans lequel se meut le piston *f* ;

g : Arbre manivelle tournant dans des coussinets en bronze, qui doivent être serrés à bloc ;

h : Volants clavetés sur l'arbre manivelle ; dans le montage de ce volant, les encoches obliques qu'il porte aux extrémités des rainures doivent se trouver du côté du coussinet ;

i : Bielle transmettant le mouvement alternatif du piston *j* à l'arbre manivelle *g* ;

j : Piston portant les segments; un ergot, placé dans chaque rainure, retient le segment dans sa position normale ;

k : Pignon hélicoïdal claveté sur *l'arbre manivelle g ;*

l : Pignon hélicoïdal claveté sur *l'arbre de distribution m ;* ce pignon comporte deux fois plus de dents que le pignon *k ;* en outre, il y est pratiqué, sur le bout d'une dent, un repère qui correspond à un repère semblable fait entre deux dents du pignon de l'arbre manivelle ;

m : Arbre de distribution, sur lequel est clavetée la came commandant la distribution ainsi que le pignon *l ;*

n : Levier d'échappement qui attaque, à une de ses extrémités, la soupape d'échappement au moyen d'une vis de réglage; à l'autre extrémité est placé le galet d'échappement 2, porté par un axe mobile 3. Cet axe porte deux encoches, dans lesquelles vient s'engager un pointeau poussé par des paillettes; cette disposition permet, au moment de la mise en marche, de pousser le galet sous la petite bosse de la came 4 et de maintenir le galet dans cette position jusqu'à ce que le moteur soit en route; on diminue ainsi la résistance due à la compression en laissant passer à l'échappement une partie du mélange comprimé, ce qui rend moins pénible le tournage à bras du volant ; puis, le moteur en marche, on replace le galet dans sa position normale en tirant sur l'axe ;

p : Soupape d'échappement; elle est appliquée sur son siège par un ressort, maintenu par une rondelle taraudée et par une goupille fendue ;

q : Levier vertical d'aspiration ; il est supporté, en son milieu, par un levier *c,* susceptible de recevoir un mouvement vertical de va-et-vient au moyen du galet 6, roulant sur la came 4; son extrémité inférieure est reliée à la tige de rappel *r* et son extrémité supérieure porte une cale en acier trempé, qui vient buter en temps voulu le levier *s ;*

r : Tige de rappel reliée, d'une part, à la partie inférieure du levier vertical *q* et, d'autre part, à la partie inférieure du levier d'échappement *n ;*

s : Levier horizontal, commandant la soupape d'aspiration *o,* au moyen d'une vis de butée ; son autre extrémité est munie d'une cale en acier actionnée, en temps voulu, par la tige verticale *g ;*

c : Soupape d'aspiration appliquée sur son siège par un ressort, maintenu par une rondelle taraudée et par une goupille fendue ;

t : Excentrique, claveté sur l'arbre de distribution et commandant le levier *u* du régulateur ; ce levier actionne une pièce à trois branches *v,* appelée *déclic,* sur laquelle sont montées une lame flexible et une languette commandant un levier à encoche, dénommé *mentonnet ;* ce *mentonnet* est claveté à l'extrémité d'un axe horizontal portant, à son autre extrémité, un levier enclenchant, au moment voulu, le levier d'échappement *n ;* un ressort à boudin, attaché aux leviers d'enclenchement et d'échappement, tend à retenir ce dernier constamment enclenché ;

La colonne du régulateur porte, à sa partie supérieure, une vis à bouton molleté ; des différentes positions de cette vis dépend la vitesse du moteur : plus cette vis est desserrée, plus la vitesse du moteur est grande ; le contraire a lieu si, inversement, la vis est serrée ;

s' : Réchaud de mise en marche portant la lampe ; ce réchaud sert à chauffer la lampe en y versant une certaine quantité d'alcool que l'on enflamme pour la mise en marche ;

t' : Lampe glissant sur deux petites tiges ; elle est munie d'une pièce en bronze percée d'un petit trou, par lequel s'échappe la vapeur de pétrole qui chauffera le tube d'allumage et le vaporiseur ; sur la lampe sont montées des tiges servant à briser le jet de vapeur de pétrole, ce qui favorise la combustion complète du pétrole. La flamme de la lampe se règle en ouvrant plus ou moins le robinet placé sur le ressort de la lampe ;

u' : Tube d'allumage maintenu dans une bride par un écrou en bronze ; la lampe et le tube d'allumage sont protégés par une enveloppe de fonte *i'*, munie d'une porte appelée *garde-flamme ;*

v' : Vaporiseur muni intérieurement d'ailettes venues de fonte avec lui et chauffé directement par la lampe *t' ;* à la partie supérieure du vaporiseur, est fixée une colonne en bronze renfermant une aiguille *m'* distribuant le pétrole à l'intérieur du vaporiseur ; une crépine *n'*, percée de trous et vissée dans la colonne, répartit sur les ailettes du vaporiseur le pétrole admis par l'aiguille.

Cette aiguille est commandée par un levier *o*, actionné par une tige *p'* montée sur le levier *s'* actionnant la soupape d'aspiration ;

x : L'arrivée d'air dans le vaporiseur est réglée par une vis que l'on tourne plus ou moins pour augmenter ou diminuer la levée de la soupape d'aspiration d'air ;

y : Robinet gradué d'arrivée de pétrole ; ce robinet, dont l'aiguille se meut devant un cadran, permet de régler l'arrivée de l'alcool au cylindre du moteur ; il est relié à sa partie supérieure, au moyen d'un tuyau de cuivre, à un réservoir placé à une hauteur minimum de 1. m. 50, comptés entre le fond du réservoir et l'axe du robinet ; ce réservoir alimente aussi la lampe *t' :*

z : Soupape d'arrivée d'air dans le cylindre.

Mise en marche d'un moteur à pétrole. — 1° Ouvrir le robinet à pétrole du réservoir ; remplir d'esprit de vin la coupe en cuivre *s'* qui se trouve sous la lampe *t'* et l'allumer.

2° Lorsque l'esprit de vin est à peu près consumé, ouvrir

la valve d'admission *b* de la lampe, en dévissant, d'un quart de tour environ, le bouton molleté placé sur le support de la lampe *c* ; la vapeur de pétrole qui s'échappe par le trou capillaire de la pièce montée sur la lampe, doit s'enflammer au contact de l'esprit de vin enflammé et produire une flamme bruissante, bleuâtre et sans suie ; cette flamme sert à chauffer le tube d'allumage en porcelaine *d*, ainsi que le vaporiseur en fonte *e* placé au-dessus de la lampe.

3° Si la vapeur de pétrole allumée produit une flamme instable, soufflant fortement par intermittences, cela indique qu'il y a de l'air dans le tuyau reliant le moteur au réservoir ; purger alors le tuyau en dévissant l'écrou-raccord placé sous la lampe, jusqu'à ce que le pétrole coule facilement ; puis revisser cet écrou fortement.

4° *Graissage.* — Lorsqu'on s'est assuré du bon fonctionnement de là lampe, procéder au graissage du moteur en remplissant d'huile de bonne qualité les graisseurs des paliers et du cylindre.

Mettre également quelques gouttes d'huile dans les divers trous de graissage de la distribution et du régulateur ; si les graisseurs à graisse consistante sont encore garnis, serrer d'un tour les chapeaux de ces graisseurs.

Les graisseurs des paliers doivent être réglés de façon à assurer un graissage suffisant pour éviter tout échauffement pendant la marche ; les graisseurs à graisse doivent être également serrés de temps à autre pour la même raison

5° *Vérification des soupapes.* — Verser un peu de pétrole dans la petite pipe en cuivre placée sur le côté de la boîte d'échappement ; puis s'assurer, à la main, du fonctionnement facile des soupapes et, en tournant au volant, s'assurer que la compression se fait régulièrement dans le cylindre.

6° *Mise en marche.* — Au bout de 8 à 10 minutes,

lorsque le tube d'allumage d est porté au rouge clair et que le vaporiseur e est suffisamment chaud (c'est-à-dire lorsque la boîte de valve en bronze f, placée à la partie supérieure du vaporiseur, est chaude à n'y pouvoir tenir la main, 70 à 80°), placer le galet d'échappement c sous la double came, de façon à diminuer la compression pour faciliter la mise en marche.

Ouvrir le robinet d'arrivée de pétrole h au moteur, au point reconnu le plus favorable pour la mise en marche (généralement de 1 à 2,5); puis tourner rapidement au volant dans le sens des aiguilles d'une montre.

On peut, dans certains cas, favoriser la première inflammation en fermant pendant 2 ou 3 tours de volant le robinet à pétrole h, une fois que le vaporiseur est rempli de vapeurs de pétrole; un excès de pétrole empêche le moteur de partir.

Il faut, dans ce cas: fermer le robinet gradué d'arrivée de pétrole au moteur, ouvrir le robinet de purge i, placé sur le fond du cylindre, puis tourner lentement au volant de façon à chasser complètement au dehors le pétrole condensé dans l'intérieur du cylindre; celui-ci bien purgé, recommencer comme il est dit ci-dessus.

Lorsque le moteur est en marche, déplacer le galet d'échappement pour qu'il ne soit plus attaqué par la double came; puis ouvrir le robinet d'arrivée de pétrole à la division reconnue comme la meilleure pour la marche normale et ouvrir ensuite le robinet d'arrivée d'eau; l'eau de refroidissement doit avoir à sa sortie du moteur une température de 60 à 70 degrés.

7° *Arrêt du moteur :* fermer le réservoir à pétrole, puis le robinet du moteur et celui de la lampe; ouvrir le robinet de purge du cylindre et le laisser ouvert jusqu'à la mise en marche suivante.

S'il ne s'agit que d'un arrêt devant durer moins de

30 minutes, on peut laisser ouvert le robinet du réservoir et laisser brûler la lampe.

Si la gelée est à craindre, vider, après l'arrêt, l'eau contenue dans la double paroi du cylindre; en effet, la gelée ferait fendre l'enveloppe extérieure et, pour éviter cet accident, on doit ouvrir le robinet placé sous le cylindre.

8° *Nettoyage du moteur :* la soupape d'échappement doit être sortie de la boîte de distribution une fois par semaine et rôdée sur son siège avec de l'émeri fin et de l'eau, jusqu'à ce que les surfaces en contact portent bien; puis laver la soupape et son siège au pétrole et essuyer soigneusement.

La soupape d'admission de mélange doit être nettoyée tous les mois, de la façon indiquée pour la soupape d'échappement.

La soupape d'aspiration d'air, placée sur le fond du cylindre, ne doit être démontée qu'en cas de nécessité absolue et, avant de le faire, il faut repérer la distance de la rondelle du ressort à l'extrémité de la tige de la soupape de façon à la remettre bien en place; cette soupape ne doit, d'ailleurs, être démontée que lorsque son fonctionnement laisse à désirer.

Le piston doit être sorti et nettoyé toutes les trois à quatre semaines ; vérifier alors si les segments jouent librement et, au besoin, les nettoyer avec du pétrole ; faire bien attention, quand on remonte le piston dans le cylindre, de replacer les ergots dans les logements ad hoc pratiqués dans les segments; sans quoi l'on risquerait de casser ceux-ci.

Lampe. — La lampe doit être nettoyée aussitôt que la flamme ne fonctionne plus bien, c'est-à-dire si elle est faible et irrégulière ou si elle dépose de la suie.

Dans ce cas, nettoyer le trou capillaire avec le petit fil d'acier monté sur une pièce fournie à cet effet; si cela ne

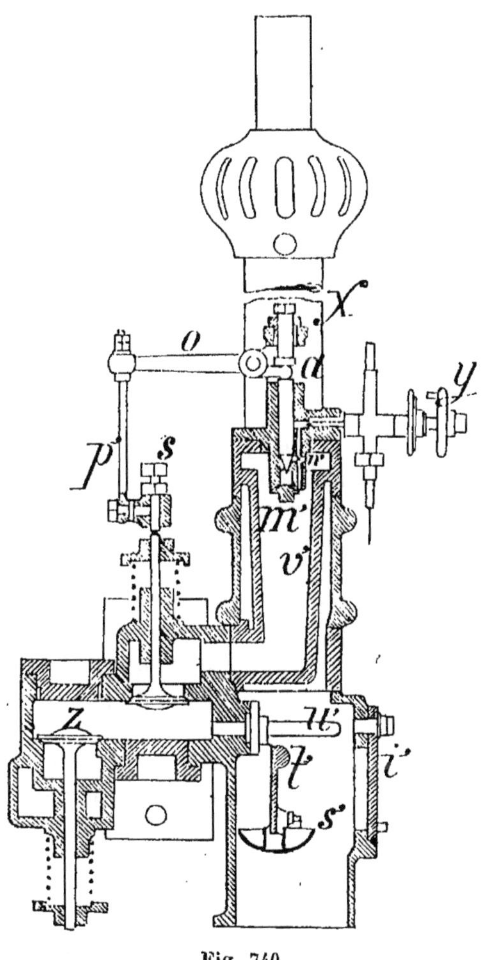

Fig. 740.

suffit pas, retirer soigneusement la pièce percée du trou
capillaire et la remplacer par une autre pièce de rechange.

La lampe doit être fixée solidement sur son support, au moyen de l'écrou à six pans placé à la partie inférieure, de façon à l'empêcher de tourner au moment du nettoyage du souffleur; cette lampe est munie de deux bouchons communiquant avec les conduits intérieurs de la lampe et permettant de nettoyer ceux-ci après deux ou trois mois de marche.

Causes de dérangements : Compression insuffisante. — L'insuffisance de compression peut être due à une des causes suivantes :

1º La soupape d'échappement n'est pas étanche; rôder alors la soupape ou la nettoyer comme il est indiqué plus haut;

2º La soupape d'échappement ne joue plus ou difficilement; verser alors un peu de pétrole sur sa tige et la faire tourner jusqu'à ce qu'elle joue librement;

3º La soupape d'admission de mélange ne joue plus ou elle n'est plus étanche (ce fait se présente rarement);

4º Un joint quelconque n'est pas étanche; faire de la pression dans le moteur et rechercher la place non étanche avec la flamme d'une bougie; puis refaire la garniture.

Détonations dans le tuyau d'échappement. — Elles sont, ordinairement, une conséquence de la non-étanchéité de la soupape d'échappement.

Mais les détonations peuvent aussi se produire si la lampe ne fonctionne pas bien ou si le tube de porcelaine n'est pas assez rouge; le pétrole peut encore arriver en trop grande quantité.

Détonations dans le canal de l'entrée de l'air. — Ce fait a lieu lorsqu'il entre trop peu de pétrole dans la machine.

Ouvrir un peu plus le robinet et, si cela ne suffit pas, vérifier si la conduite et la crépine d'arrivée de pétrole ne sont pas bouchées; dans ce dernier cas, il faut nettoyer la crépine.

Si la soupape d'admission n'est pas étanche, ces détonations peuvent aussi se produire.

Les explosions se font encore entendre lorsque, par suite d'une longue marche, le ressort de rappel de la soupape d'air du fond de cylindre n'a plus une tension suffisante ou lorsque, par suite des trépidations de la marche, le tuyau de réglage d'air s'est desserré ; il faut donc visiter le ressort de rappel de la soupape et voir si le tuyau d'aspiration est bien à ses repères.

La flamme de la lampe s'éteint ou brûle mal. — Dans ce cas, le trou capillaire est bouché et doit être nettoyé.

Si la garniture du tube en porcelaine est mal faite et si la flamme est soufflée par les gaz qui s'échappent, la garniture est à remplacer; faire cette nouvelle garniture en plaçant deux rondelles d'amiante de 1 millimètre d'épaisseur de chaque côté de l'embase du tube en porcelaine; serrer la bride de fixation du tube bien également et juste assez pour qu'il n'existe pas de fuite.

Si, enfin, les courants d'air dans le local du moteur éteignent la flamme de la lampe, il est nécessaire d'empêcher ces courants d'air ou de protéger la flamme, selon les circonstances.

Explosions anticipées. — Pour éviter des *explosions anticipées* (explosions avant le point mort), éloigner la lampe de manière à ce que le tube en porcelaine devienne incandescent vers son extrémité.

Les explosions anticipées peuvent aussi provenir du fait qu'il n'entre pas, dans le moteur, la quantité de pétrole nécessaire ou, souvent, quand on emploie du pétrole de trop faible densité; il convient donc de toujours donner la préférence aux pétroles homogènes (dits pétroles à moteurs) dont la densité est de 0,815 à 0,825.

Moteur Charon (fig. d'ensemble 741). — On le classe dans la catégorie des appareils à quatre temps et l'inflammation du mélange s'y fait par piles ; il est muni d'un régulateur à pendule qui fait varier la compression et la

Fig. 741.

détente, de façon à les proportionner aux besoins du travail.

Il se construit en type horizontal, ou en type vertical lorsque l'encombrement du précédent est trop grand pour l'emplacement dont on dispose.

Ces moteurs peuvent employer, comme combustibles, le gaz de ville ou le gaz pauvre ; il n'y a que quelques légères modifications à faire subir aux orifices d'admission et à la culasse du moteur, suivant la capacité calorifique du gaz employé.

Moteur horizontal. — Parmi les types construits par
cette maison, il s'en rencontre dont le socle, renfermant
une partie des organes, est livré avec le bâti, et d'autres
nécessitant une assise en maçonnerie.

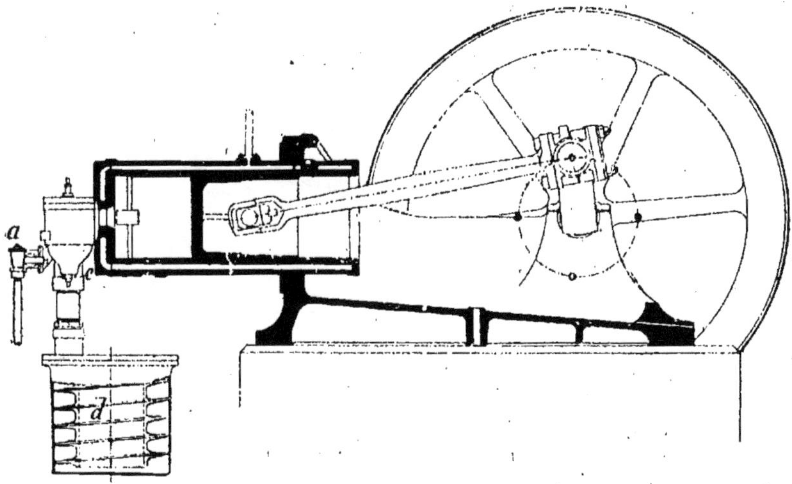

Fig. 742.

Le bâti est coulé d'une seule pièce et supporte le cylindre,
en porte-à-faux, au moyen d'un plateau vertical sur lequel
on le boulonne, et qui est, lui-même, consolidé par deux
nervures latérales aboutissant aux paliers.

Ces paliers sont venus de fonte avec le bâti.

Le piston est articulé directement avec la bielle, et sa longueur est suffisante pour le guidage; cependant les anciens
types catalogués A et C sont à glissières.

L'arbre à cames, qui commande aussi le régulateur,
reçoit le mouvement de l'arbre du volant par des engrenages dont le rapport est de 2 à 1 et dont des repères per-

mettent de faire toujours coïncider exactement les positions initiales.

Le moteur comporte deux cuvettes en fonte : l'une sert à l'aspiration et l'autre au refoulement.

L'aspiration et l'allumage sont obtenus par un dispositif de manchon portant les cames commandant la soupape à gaz et la soupape de mélange, et coulissant sur l'arbre de

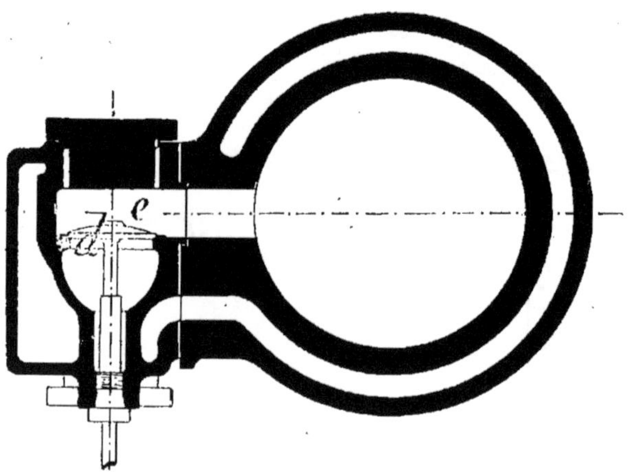

Fig. 743.

distribution sous l'action de leviers actionnés par le régulateur.

La came commandant l'échappement est fixée invariablement sur cet arbre.

L'eau de refroidissement circule dans l'enveloppe du cylindre, dans le plateau du fond et autour de la soupape d'échappement.

Le principe du système Charon consiste essentiellement à augmenter, dans une notable mesure, la détente des gaz produits par l'explosion. Dans ce but, en effet, le mélange d'air et de gaz qui remplit le cylindre, à la fin de l'aspiration, n'est pas entièrement soumis à la compression et à l'explosion ; au retour, la soupape de mélange ferme en retard, de telle sorte qu'il y a évacuation d'une fraction de la cylindrée dans une des cuvettes signalées ci-dessus; cette fraction, mise en réserve, est reprise au coup suivant, et la détente s'augmente, dès lors, de ce volume, qui n'a point été utilisé pour la production de l'énergie.

On a mis ce principe en pratique : 1° par la mobilité du manchon qui, obéissant au régulateur, permet d'offrir, pour la commande des soupapes, des périodes plus ou moins longues, en combinaison avec la conicité des cames ; 2° par la disposition adoptée pour l'admission, qui se fait par deux sou-

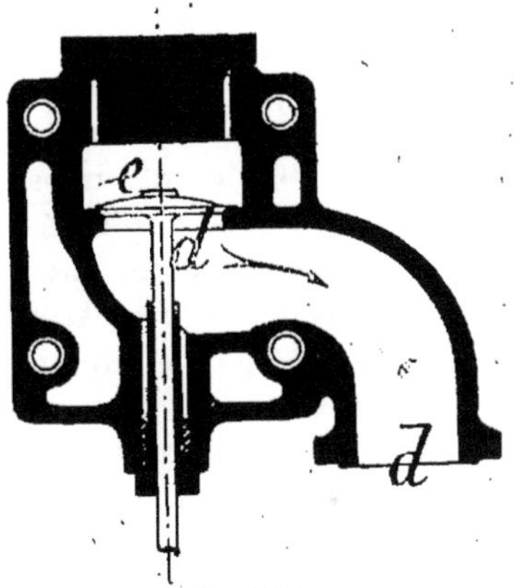
Fig. 744.

papes : l'une se ferme au point mort, c'est celle d'amenée du gaz, tandis que l'autre, qui donne passage au mélange, ne se ferme que lorsque la première course arrière du piston (deuxième temps du cycle, course de compression) est déjà, en partie, effectuée. Cette soupape de mélange a son siège percé de nombreux petits orifices obliques ; 3° par un récipient annulaire, dont la surface interne est hélicoïdale, dans lequel l'air est aspiré au centre, alors que le mélange est refoulé dans le serpentin de la périphérie, afin d'être repris à l'aspiration suivante.

En se reportant aux figures 741, 742, 743, 744, a est la poignée d'accès du gaz; b, la première soupape; c, la soupape réelle d'admission du mélange ; *d* représente le récipient à serpentin.

La soupape d'échappement *e* est disposée, généralement, latéralement au cylindre ; le balancier, qui en commande le mouvement, est indépendant du manchon actionnant l'admission : il est touché par une came calée à demeure sur l'arbre de distribution.

La circulation de l'eau de refroidissement se fait : d'abord vers la soupape d'échappement, puis dans la chemise de la boîte d'admission ; de là, l'eau se rend, par le fond du cylindre, dans la double enveloppe.

On obtient l'inflammation au moyen de l'étincelle ou du tube incandescent ; mais ce dernier système, très rarement employé, n'est appliqué que sur demande.

D'autres modèles que celui décrit, ci-avant, ont été créés qui sont distingués par des lettres ; le type primitif A est caractérisé par l'emploi de glissières, à l'instar des machines à vapeur ; sa force est de 1 à 12 chevaux, avec une vitesse de 150 à 160 tours ; il est à un seul volant.

Le type C, à 150 tours environ, correspond à des forces de 8 à 16 chevaux ; il se construit avec deux volants.

Le *Type vertical* D donne de $\frac{1}{2}$ à 4 chevaux à 250 tours environ, tandis que le type E, horizontal donne, à cette même vitesse, depuis 1 jusqu'à 16 chevaux.

Le type F, à un seul cylindre, deux volants, sans glissières, tourne à 150 tours et est destiné à produire les puissances de 30 à 100 chevaux. Le type B, obtenu en conjuguant deux moteurs type F sur le même arbre, est utilisé pour les puissances de 50 à 200 chevaux ; les moteurs de ce type tournent, bien entendu, à 150 tours.

Le type normal, aujourd'hui (celui qui est décrit en détail), est le type G, étudié pour des vitesses de 180 tours donnant des puissances de 6 à 40 chevaux ; pour la force de

40 chevaux, le cylindre n'est plus en porte à faux et l'arbre tourne sur trois paliers.

Moteurs à pétrole et à essence. — L'aspect d'ensemble (fig. 745) de ces moteurs est le même que le type à mélange de gaz ordinaire, cependant le principe n'est plus le même ; la variation de la puissance n'est point obtenue par la varia-

Fig. 745.

tion du volume du mélange gazeux explosif utilisé, mais bien par la suppression totale, de temps à autre, d'une admission de mélange : c'est le réglage par le *tout ou rien*.

L'arbre du volant donne le mouvement à l'arbre des cames par un engrenage hélicoïdal, et celui-ci actionne le levier du pointeau d'admission du liquide combustible.

Le régulateur, à boules, est commandé aussi par engrenages coniques et il supprime, au besoin, l'arrivée du liquide. Il n'y a plus qu'une soupape d'admission du mélange tonnant.

Le vaporisateur employé (fig. 746 et 747) est muni d'ailettes intérieures et communique, par le canal *a*, avec la boîte d'admission ; le pétrole arrive par le siège du pointeau supérieur *b*, et l'air par l'ouverture rectangulaire située à la hauteur de la crépine conique *c ;* le pétrole se répand sur cette crépine, qui le distribue également aux ailettes du vaporisateur.

En raison de la haute température de ce milieu, le pétrole se vaporise et carbure intimement l'air qui a été aspiré.

Ce vaporisateur est chauffé par une lampe *d*, située dans le bas, et dont le rôle est de porter à l'incandescence le tube en porcelaine ou en nickel servant à l'inflammation ; le pétrole lui est fourni par un petit tuyau en dérivation.

Le pétrole, arrivant dans la lampe, se vaporise sous l'action de la haute température et sa vapeur, sortant par le trou du bec souffleur, s'enflamme, porte au rouge-cerise le tube d'allumage en nickel ou en porcelaine, puis s'échappe par le tube supérieur après avoir léché et échauffé le vaporisateur, ainsi que les parois derrière lesquelles se fait l'entrée de l'air.

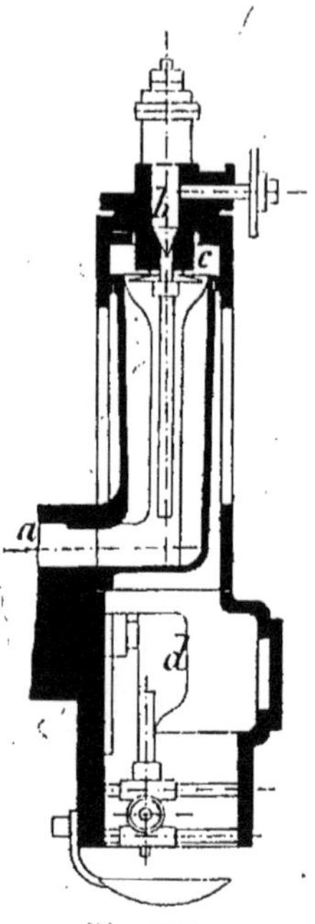

Fig. 746.

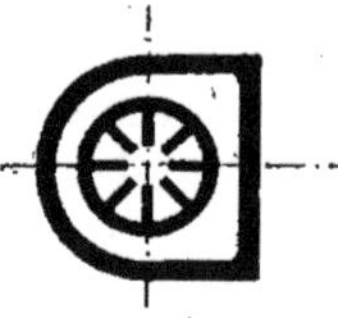

Fig. 747.

Le balancier manœuvrant la soupape d'aspiration commande à la fois l'admission d'air et l'admission de pétrole.

On facilite la mise en marche au moyen d'une petite came

auxiliaire agissant, sur la soupape d'échappement, au moment où la compression commence ; cette soupape, étant soulevée plus longtemps que d'ordinaire, peut laisser évacuer une certaine fraction du mélange tonnant ; l'effort à exercer sur le volant s'en trouve diminué d'autant.

Tous les genres de moteurs fonctionnent indifféremment aux huiles lourdes de pétrole ou pétrole lampant, à l'essence ou à la benzine, à l'alcool pur ou carburé à toutes proportions.

Cependant, pour fonctionner exclusivement avec l'alcool, la Société construit un type de moteur spécial, permettant de réaliser une économie sensible dans la consommation. Dans ces moteurs spéciaux à alcool, l'inflammation est électrique par magnéto ; il n'y a pas de lampe et pas de vaporisateur ; le combustible est vaporisé, par pulvérisation, dans un courant d'air qui s'est échauffé en traversant une poche ménagée dans la cuvette d'échappement.

Ces moteurs spéciaux emploient indifféremment l'alcool pur ou l'alcool carburé.

Le moteur marche le plus économiquement lorsque les explosions sont comparables à un coup sec ; quand on constate une détonation dans le tuyau d'échappement, cela peut provenir : 1° de ce que la compression se faisant mal, par suite de la non-étanchéité de la soupape, une partie du mélange se répand dans la tuyauterie d'échappement où il s'enflamme par les fuites de la soupape ; 2° de ce que la lampe ne fonctionne pas à point et qu'une partie des gaz passe sans faire effet sur le piston.

S'il y a détonation dans le tuyau d'entrée de l'air, c'est qu'il n'y a pas admission suffisante de pétrole et que le mélange, trop sec, s'enflamme déjà dans le vaporisateur avec une moindre proportion d'air ; on vérifiera les valves, crépines ou soupapes.

Il peut aussi arriver que le tuyau d'inflammation soit recouvert de suie, en dedans ou en dehors ; dans ce cas, des explosions anticipées ou retardées sont à craindre. Cet accident peut, parfois, provenir du tube d'inflammation, dont on réglera la place en conséquence.

Moteur Letombe (fig. 748). — Les dispositions adoptées dans ce moteur sont basées sur des considérations théoriques d'un ordre élevé, exposées par M. Letombe dans son ouvrage (1). Nous y renvoyons le lecteur et nous dirons seulement que, dans cette étude, M. Letombe fait une analyse mathématique de tous les cycles réalisables ou réalisés par des machines à piston ; il démontre :

1° Qu'à compression égale, le cycle à volume constant et détente prolongée est supérieur à tous les autres ;

2° Qu'à détente égale, le rendement de ce cycle augmente quand la compression augmente.

Le moteur Letombe réalise ces deux desiderata, indispensables pour arriver au maximum d'économie.

Pratiquement, sur le moteur Letombe, la détente prolongée est obtenue en limitant la durée de l'aspiration et la surcompression, quand le travail demandé à la machine diminue, par une aspiration de plus en plus longue correspondant à une diminution de la quantité de gaz admis.

La figure 749 montre la disposition des soupapes qui permet, d'une façon très exacte, d'arriver à ce résultat.

L'aspiration se fait en deux temps par l'intervention d'une sorte de réservoir intermédiaire a ; dans la première période, on aspire le mélange tonnant à la pression atmosphérique, les soupapes b et c étant soulevées ; dans la seconde phase, c étant fermée et la course du piston provoquant encore aspiration à travers la soupape b, il y a d'abord dépression ; puis, au retour, rétablissement de la

---

(1) *Contribution à l'Etude des Machines thermiques.*

Fig. 748.

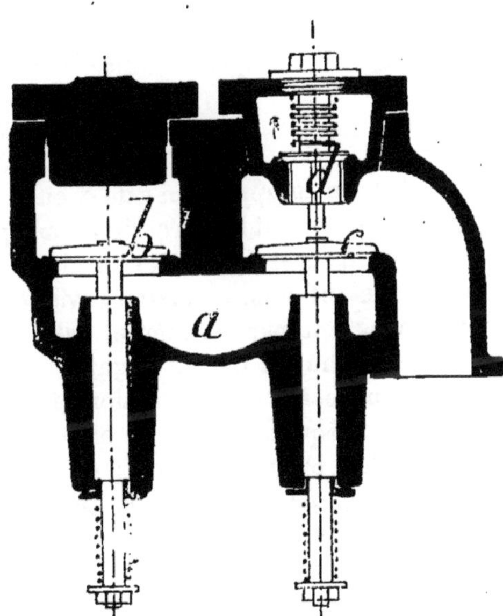

Fig. 749.

pression atmosphérique et fermeture de la soupape b ; la compression commence sitôt cette fermeture et dure jusqu'à fin de course ; après cet instant, les phénomènes se poursuivent comme dans le cycle à quatre temps.

Il y a donc, en définitive, compression d'un volume explosif raréfié avec augmentation de la détente, puisque le volume d'admission n'est qu'une fraction du volume engendré par la course du piston.

La température d'échappement est donc notablement plus basse que dans les moteurs à admission pendant toute une course.

La traduction du diagramme (fig. 750) est celle-ci : La course du piston est ab ; ac re-

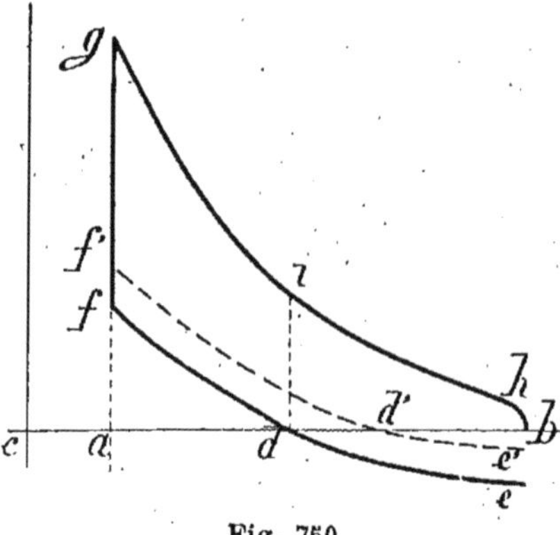

Fig. 750.

présente la chambre de compression ; de a en d, on a une aspiration du mélange tonnant à la pression atmosphérique ; l'aspiration cesse en d et il en résulte la dépression de. Mais, le cylindre restant clos, le piston revient en arrière et les pressions repassent par les mêmes valeurs jusqu'en d. Il n'en résulte donc aucun travail négatif.

La compression au-dessus de la pression atmosphérique ne commence, par conséquent, qu'en d ; on a ensuite, de d en f, compression ; de f en g, explosion ; puis, suivant gh, détente. En h l'échappement ouvre et la pression tombe, en b, à la pression atmosphérique ; de b en a les gaz sont refoulés dans l'atmosphère.

L'aspiration et les circonstances ci-dessus reprennent de nouveau de a en d... etc.

La différence avec les autres moteurs à quatre temps consiste d'abord en ce que le volume de détente n'est pas limité au point i, correspondant au volume d'admission, mais se prolonge jusqu'en h.

S'il est nécessaire que la puissance de la machine diminue, on diminue l'aire du diagramme en poussant l'aspiration jusqu'en d' et comprimant ensuite plus fortement jusqu'en f', l'énergie de la charge en gaz étant alors diminuée.

Les deux diagrammes (fig. 751) permettent de comparer nettement le travail indiqué à pleine charge à celui à charge réduite.

Jusqu'à la puissance de 20 chevaux, les moteurs Letombe sont à simple effet ; il n'y a qu'une explosion pour quatre courses ; au-dessus de cette force,

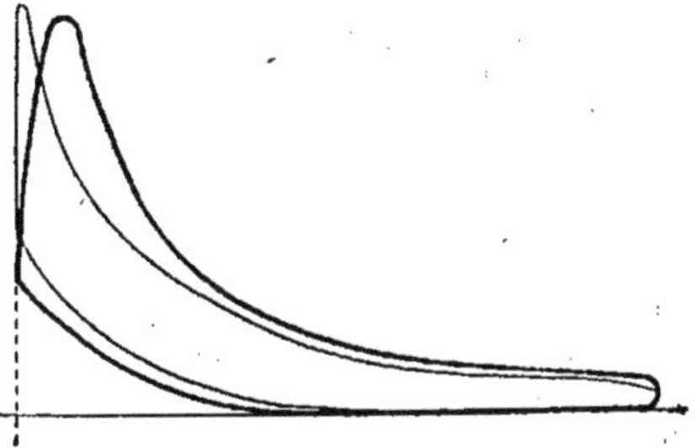

Fig. 751.

ils sont constitués par deux cylindres dont l'un est à simple effet et l'autre à double effet, type appelé, par l'inventeur, *mono-triplex*. Mais ce qui se passe pour une face de l'un d'eux peut se répéter pour l'une quelconque des autres ; il y a. ainsi, 3 courses motrices sur un total de 4, soit sur deux tours de volant.

L'allumage est électrique ou par incandescence, mais il est préférable d'employer le premier procédé pour des forces supérieures à 15 chevaux.

Au point de vue de la consommation, le mono-triplex a l'immense avantage de pouvoir marcher au tiers ou aux deux tiers de sa puissance, puisqu'il suffit alors d'isoler les effets dont on a besoin.

Le diagramme, sur un côté du piston, se réalise par le

jeu de trois soupapes (fig. 749) ; l'admission se fait par
b, c et d ; l'une, b, ferme directement le cylindre et reste
ouverte pendant toute une course ; la soupape c qui, par
rapport au cylindre, se ferme en sens inverse de la première,
s'ouvre en avance sur b et se ferme sur la course d'aspiration à un moment
quelconque dépendant
de la position du régu-
lateur à boules.

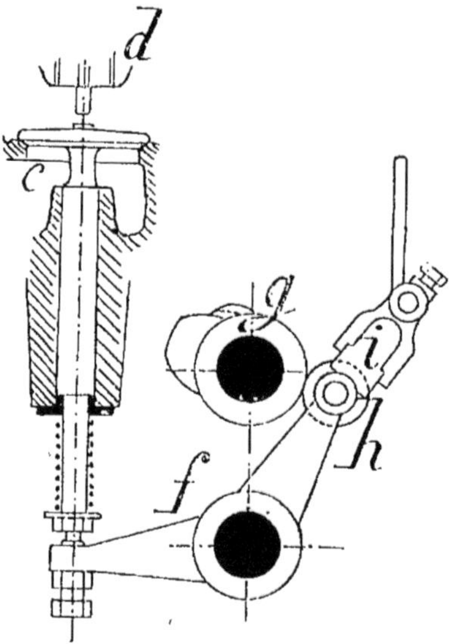

Fig. 752.

c est donc une sou-
pape de réglage : lors-
qu'elle est fermée avant
la fin de la course du
piston, une dépression
se fait dans le cylindre et
a pour effet de l'appli-
quer énergiquement sur
son siège.

La dépression se fait
sentir dans la chambre
a (qui relie b et c) pendant la fin de la course
du piston et, au retour,
la soupape b ne se ferme
que lorsque la pression, dans le cylindre et dans la chambre
a, est remontée à la pression atmosphérique. Au moment
de l'ouverture, la soupape c ne supporte donc aucun effort
appréciable, ce qui est une excellente condition pour l'action du régulateur.

La commande de c est faite par un levier coudé f (fig. 752)
actionné par une came à gradins g qui agit sur un galet très
mince h, pouvant *coulisser* sur son axe sous l'action d'une
pince i correspondant au régulateur.

On profite du mouvement de la soupape c pour lui faire

actionner, en se levant, la soupape à gaz *d*, qui se trouve
au dessus d'elle. L'air arrive librement entre les soupapes *c* et *d*.

La came *g* de commande de la soupape *c* (fig. 753) porte
une série de gradins superposés à ceux dont nous venons
de parler, la hau-
teur de ces gradins
supplémentaires
correspondant aux
levées de la sou-
pape *d*.

Pour obtenir la
surcompression
dans les conditions
du diagramme, les
gradins *inférieurs*
de la came action-
nant *c* sont de plus
en plus longs, au

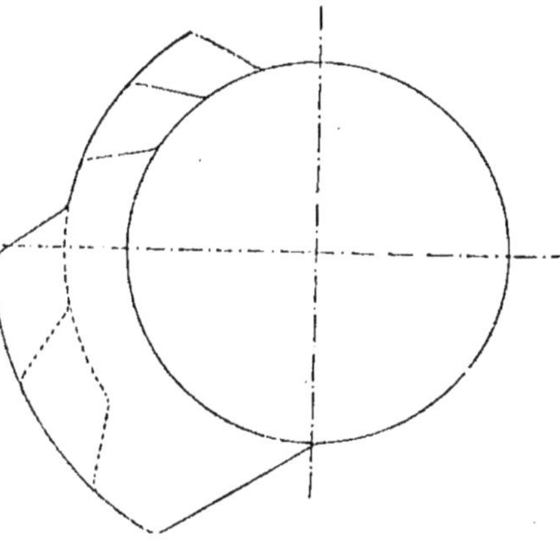

Fig. 753.

fur et à mesure que le régulateur monte, tandis que les
gradins *supérieurs* (correspondant à la soupape à gaz)
deviennent de plus en plus courts.

Cette distribution n'est, en réalité, pas plus compliquée
que celles d'autres moteurs, bien qu'elle compte une soupape de plus ; il est à remarquer qu'elle ne supporte qu'une
pression insensible, qu'elle ne donne passage qu'à des gaz
frais et est totalement à l'abri de la chaleur.

Chaque extrémité du moteur est indépendante, au point
de vue de la distribution, et le régulateur agit simultanément sur les trois réglages. La régularité de ce moteur résulte de la succession rapide des courses motrices et non
plus du poids du volant, ce qu'indiquent bien les diagrammes
superposés (fig. 754) qui montrent les transformations
successives de leur surface sous l'action du régulateur.

L'échappement a lieu à une température relativement basse, après une longue détente ; c'est une condition favorable pour le graissage et l'entretien des soupapes.

L'indépendance des effets permet, en marche, la visite de la distribution de l'un quelconque d'entre eux ; on peut aussi balayer, en marche, les poussières qui se seraient accumulées dans le cylindre, en opérant à la main l'ouverture de ces soupapes.

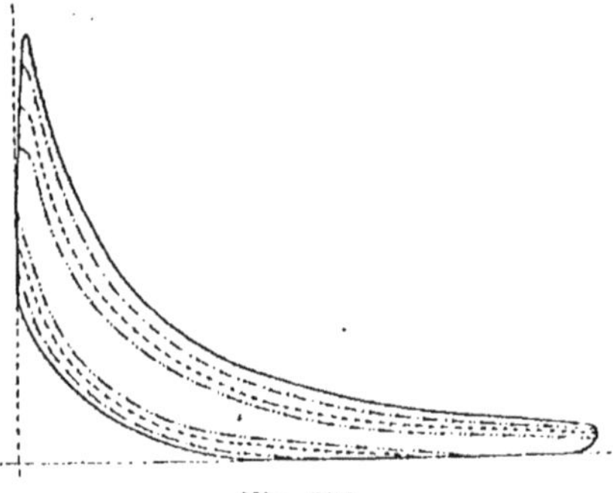

Fig. 754.

En résumé, les moteurs Letombe, de par leur fonctionnement, ressemblent presque à des machines à vapeur et, quant à l'économie qu'ils procurent, nous nous contenterons de citer l'essai d'un moteur de 300 chevaux effectifs fait le 18 juillet 1902 par l'éminent ingénieur M. Witz, essai dans lequel la consommation est descendue à 0 kil. 372 de charbon d'Anzin par cheval-heure effectif disponible.

C'est un record qu'il nous paraît risqué de chercher à battre.

Moteur Tangye (fig. 755). — Sa forme générale affecte celle d'un socle, reposant sur le sol par une large embase, et coulé de fonte avec un bâti dont les paliers sont inclinés ; le cylindre, à chemise indépendante, est en porte-à-faux à l'extrémité de ce socle ; le piston, à fourreau, s'articule directement sur la bielle sans glissières de guidage.

La distribution se fait d'après le principe à quatre temps, sous l'action d'un arbre latéral portant les cames ; ces dernières correspondent, par galets et leviers, à des soupapes dont les sièges sont facilement démontables, pour les visites ou les réparations.

La chambre de combustion et le siège de la soupape d'échappement sont refroidis par l'eau qui circule dans l'enveloppe du cylindre.

Afin de proportionner la consommation à la force exigée

Fig. 755.

lors de la marche, le régulateur est pourvu d'un dispositif automatique qui modifie la richesse du mélange tonnant après plusieurs passages sans explosion ; on peut, de plus, pendant le fonctionnement, faire varier à la main la vitesse de régime et la régler avec précision.

L'inflammation est obtenue par un tube en porcelaine chauffé par un chalumeau ; l'allumage peut aussi être fait électriquement. La cheminée est agencée pour qu'il soit possible de régler parfaitement l'explosion du mélange.

L'appareil d'inflammation (fig. 756) est porté par un

bossage situé à l'extrémité du cylindre, avec l'intérieur duquel il est mis en communication par une succession de petits conduits a.

Cette communication peut être interceptée par une petite

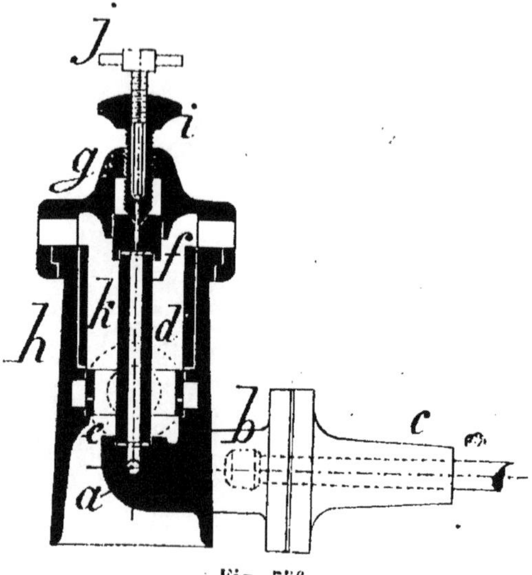

Fig. 756.

soupape b, à deux sièges ; lorsque la soupape s'applique sur le siège du côté du tube, pendant la période d'aspiration, le mélange n'est pas en contact avec la capacité à haute température ; au contraire, lors de la compression, le siège inverse empêche l'explosion de cracher le long du guide c.

On voit, en coupe verticale, le conduit a se raccorder avec le tube en porcelaine d dont les extrémités portent, en bas, sur un carton d'amiante reposant sur le porte-tube e, et s'appuyant en haut, par un joint d'amiante, sur le chapeau f.

Ce chapeau est guidé dans un couvercle g, percé de trous

latéraux donnant passage aux gaz de la combustion du bunsen ; ce couvercle s'ajuste, par un joint à baïonnette, sur le corps de la cheminée h.

Une vis i, à mollette, permet d'appuyer convenablement le chapeau sur le tube ; elle est percée de bout en bout et

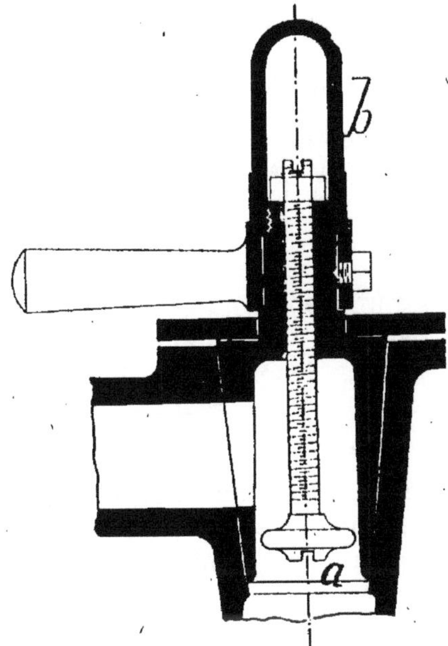

Fig. 757.

taraudée pour recevoir une seconde vis à béquille j, formant pointeau pour l'obturation du trou correspondant du chapeau f.

On chauffe le tube d'inflammation au moyen d'un bunsen débouchant dans une couronne annulaire percée de petits trous.

L'intérieur de la cheminée h est protégé par une garniture en amiante *h,* qui assure un bon chauffage du tube central *a.*

Il est possible de contrebalancer les variations de pression qui influencent parfois l'arrivée du gaz ; on se sert, pour cela, du robinet d'admission ci-contre (fig. 757) portant un petit régulateur *a* dont la position peut contrarier plus ou moins le courant gazeux ; on le tourne en enlevant le chapeau *b.*

Pour proportionner la dépense de gaz à l'allure de la machine, le régulateur agit sur la soupape d'arrivée par l'intermédiaire d'une butée mobile (fig. 758). Le levier, recevant l'impulsion du régulateur, est articulé en T, qu'il fait monter ou descendre, alors que la came d'admission pousse en avant le galet G. Lorsque la vitesse s'accélère, la plaque C et tout le système descendent légèrement ; le bec ne rencontre plus la tige I et l'admission est interrompue dans le mouvement en avant.

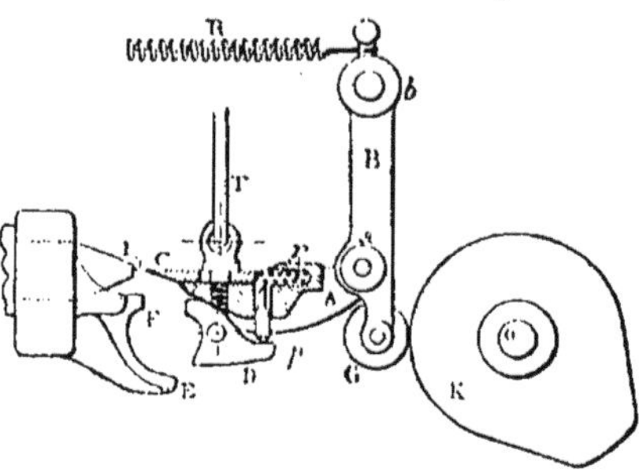

Fig. 758.

A ce moment le fonctionnement du levier D a pour effet de remonter un volet A car ce levier a basculé d'une petite quantité en butant contre E. L'ascension de A, dont la tige est taillée en biseau, provoque un mouvement de la plaque C de droite à gauche et l'empêche de reculer quand, au coup suivant et la vitesse ayant diminué, elle se présentera en regard de I sous l'influence du régulateur.

Ce deuxième mouvement, en avant, du bloc A a aussi pour conséquence de faire rencontrer le haut du levier D contre la butée F : il bascule en arrière et laisse libre le volet A, qui retombe en place par son propre poids.

Donc, lors du prochain mouvement en avant du galet K et du bloc A, le plaque C sera chassée un peu en arrière, comprimant le ressort r pendant l'ouverture de la soupape de gaz.

Cette opération se reproduit plus ou moins fréquemment, suivant le travail demandé au moteur.

On peut remarquer, par ce qui précède, qu'il est d'une importance capitale que le volet A et la plaque C soient toujours entretenus très proprement et à sec, car l'huile formerait encrassage.

La mise en marche, dans les moteurs moyens, s'opère par le secours d'une petite came de soulagement, placée à côté de la came d'échappement ; elle empêche la fermeture complète de la soupape d'échappement et diminue ainsi la compression, quand on tourne au volant. D'ailleurs, cette compression est encore amoindrie, au démarrage, en décalant de 2 ou 3 tours le pointeau du tube d'inflammation.

Mais ces procédés primitifs ne sont applicables qu'à des moteurs de faible puissance et, à partir de 30 chevaux, les moteurs sont pourvus d'un self-starter, se composant essentiellement d'une petite pompe à main fixée sur le côté du cylindre, et servant à y envoyer un mélange explosif, à faible pression, qui donne la première impulsion.

Dans d'autres cas on fait encore usage d'un petit moteur à gaz, actionnant une pompe, et comprimant de l'air dans un réservoir d'où, par des canalisations et des vannes, on l'envoie derrière le piston, de façon à ce que celui-ci se mette progressivement en marche.

Moteur Crossley (fig. 759.) — Presque tous les moteurs de cette marque sont construits avec cylindre à axe horizontal ; seules, certaines petites machines de moins de 5 chevaux sont du type vertical.

Les puissances supérieures à 150 chevaux sont obtenues par la conjugaison de deux cylindres actionnant le même bouton d'un vilebrequin équilibré; enfin les moteurs destinés à produire une force très régulière sont pourvus de deux

Fig. 759.

volants et d'un palier supplémentaire extérieur, évitant ainsi le porte à faux.

Le bâti est, dans la plupart des cas, à paliers inclinés, avec ou sans socle rapporté; le piston se meut dans une chemise amovible; il n'y a pas de glissières, le piston ayant une longueur suffisante pour assurer un bon guidage.

C'est sur le principe du cycle de Beau de Rochas que se fait la distribution; les cames, calées sur l'arbre latéral, actionnent par galets et leviers les quatre soupapes d'admission et d'évacuation.

L'allumage a lieu par tube incandescent, fait de porcelaine ou de métal ; la mise en marche peut être opérée non seulement par un levier spécial, commandant la soupape de démarrage qui retarde l'allumage, mais encore au moyen d'un self-starter envoyant de l'air comprimé sous un clapet relié à un réservoir.

Les soupapes d'arrivée d'air et de gaz sont distinctes ; lorsque la vitesse du moteur s'accélère, le régulateur supprime l'admission du gaz et c'est seulement de l'air pur qui entre dans le cylindre.

Une petite courroie, mue par l'arbre à cames, provoque automatiquement le graissage du cylindre ; ce graissage cesse à l'arrêt.

Les moteurs Crossley, à pétrole lampant, ont leur réservoir placé dans le socle ; deux petites pompes y puisent le combustible liquide ; elles sont mises en mouvement par un excentrique, calé sur l'arbre à cames, et envoient le pétrole : d'une part au brûleur et, d'autre part, au carburateur après un passage dans un appareil en bronze servant à doser la quantité de liquide à vaporiser.

Le carburateur est maintenu à température élevée par le brûleur à pétrole qui porte au rouge le tube d'inflammation placé au-dessous du vaporisateur.

Moteur « splendid » (fig. 760) — C'est un moteur à axe horizontal.

Moteur à gaz (fig. 761). — Il fonctionne aussi selon le principe du cycle à quatre temps, c'est-à-dire une explosion sur deux tours de volant, et l'inflammation du mélange a lieu soit au moyen de l'étincelle électrique, soit avec l'allumage par tube incandescent.

Le bâti de l'appareil lui sert en même temps de socle, les paliers étant solidaires avec lui ; le cylindre, amovible, repose sur deux portées et est repéré par des goupilles ; sur le fond opposé à l'arbre, est boulonnée une bride en fonte de plus petit diamètre, grâce à laquelle on peut nettoyer sans démontage d'autres pièces.

Fig. 760.

L'enveloppe est venue de fonte avec le cylindre.

Le piston est un piston fourreau avec segments à joints croisés, qu'un goujon empêche de tourner; le graissage y est assuré d'une façon très judicieuse.

Les boîtes à soupape sont interchangeables et à circulation d'eau ; la boîte d'admission a une soupape supplémentaire de réglage du gaz sur laquelle agit un régulateur à inertie (fig. 762 et 763).

Les soupapes sont actionnées par un levier commun à section en I (fig. 762), mû par une came faisant un seul tour pour deux de la manivelle; le régulateur pendule (fig. 763) est fixé à l'extrémité de ce levier et possède une vis au

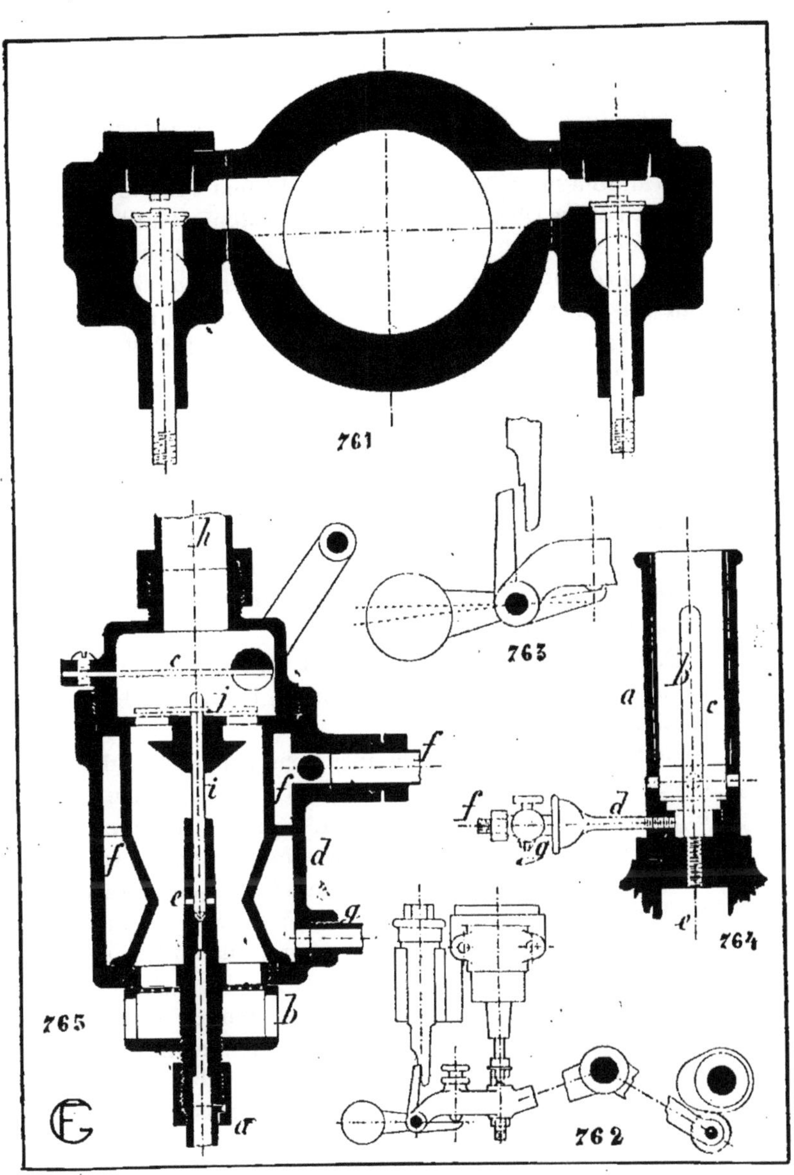

Fig. 761 à 765.

moyen de laquelle on peut faire varier la vitesse du moteur.

L'allumage par tube incandescent a lieu dans le brûleur à gaz ci-contre (fig. 764) ou avec le système Guillou, décrit précédemment (fig. 723, 724 et 725), qui, pour une consommation réduite de 40 litres à l'heure, offre comme avantages une mise en marche rapide, un remplacement immédiat du tube d'ignition, un réglage précis du point d'allumage et des dimensions restreintes.

Ainsi qu'il est facile de le voir, le tube en porcelaine b traverse la cheminée a garnie intérieurement d'amiante c, où il rencontre la flamme du bunsen d qui le maintient à l'état incandescent. La flamme est alimentée de gaz en f et d'air en g.

Le tube, bien maintenu et étanche, est mis en communication avec la chambre d'explosion par l'intermédiaire d'un canal d'inflammation.

Dans le brûleur Guillou, on peut, en outre, par un regard en mica D, apprécier à tout moment, l'état du tube en porcelaine.

Le rôle de la chambre de purge, sur le parcours du canal, est de régler le point d'inflammation d'une manière absolument précise; elle sert, en effet, de logement aux gaz inertes remplissant le canal pendant la compression, de sorte que le mélange explosif peut ainsi atteindre la partie incandescente du tube d'ignition. Du volume de cette chambre de purge dépend la rapidité d'allumage, puisqu'elle règle la difficulté que rencontrent les gaz sur leur parcours. Ce résultat est obtenu pratiquement au moyen de rondelles vissées sur une tige, et obturant partiellement la capacité intérieure de cette chambre; on donne de l'avance à l'allumage en supprimant une ou plusieurs rondelles ; on obtient du retard en en ajoutant.

Sans recourir à l'examen du diagramme, on détermine

l'allumage par tâtonnements, en se conformant aux indications suivantes :

Trop d'avance, le moteur tape et des coups sourds, plus

Fig. 766.

ou moins violents, se produisent, avant que le piston ait atteint le point mort (ajouter des rondelles);

Trop de retard, il se produit des ratés surtout après les passages à blanc, et souvent des explosions à l'aspiration ou à l'échappement (enlever des rondelles);

L'allumage se fait dans de bonnes conditions lorsque la marche est silencieuse et régulière, avec un passage à blanc pour environ 10 explosions en pleine charge.

On est averti que le débit de gaz est trop grand et la combustion incomplète, d'abord par l'odeur caractéristique d'acétylène qui se dégage, puis par l'apparition de particules très brillantes de carbone sur le tube.

Allumage électrique. — Il demande des soins tout particuliers, mais il permet d'obtenir, pendant la marche, une grande élasticité au point de vue de la puissance développée et un réglage extrêmement précis.

Moteur à pétrole. — On utilise le même type (fig. 765) que pour le gaz, auquel est cependant adjoint un carburateur. L'air entre par les orifices *b* ; il traverse le carburateur dans toute la hauteur et, en passant sous la rondelle *j* du pointeau *i*, il la soulève. Le pointeau, se séparant de son siège, laisse jaillir l'essence par les orifices *c*, sous l'action de la pression résultant de la surélévation du réservoir à pétrole.

L'essence, au contact des parois du carburateur (qui ont des aspérités spéciales), se pulvérise et se vaporise instantanément en se mélangeant intimement avec l'air.

Un ressort plat *c*, mû par une manette excentrée, permet de limiter la levée du pointeau et de régler ainsi l'arrivée de l'air et de l'essence, et par conséquent, la marche du moteur.

Une enveloppe *d*, formant boîte autour du régulateur, reçoit une partie des gaz chauds provenant de l'échappement ; ceux-ci maintiennent le carburateur à un degré de température suffisant pour faciliter la volatisation immédiate de l'essence à son arrivée dans le carburateur.

Moteur duplex. — Le fonctionnement de ce moteur peut s'expliquer en traçant le schéma ci-contre (fig. 767), qui représente seulement la marche suivie par les gaz.

Le piston a aspire, pendant toute la course de l'arrière à l'avant, le mélange gazeux qui arrive par b ; la soupape c est soulevée par une came spéciale. La soupape d, de l'avant, est fermée, mais celle de refoulement e est ouverte

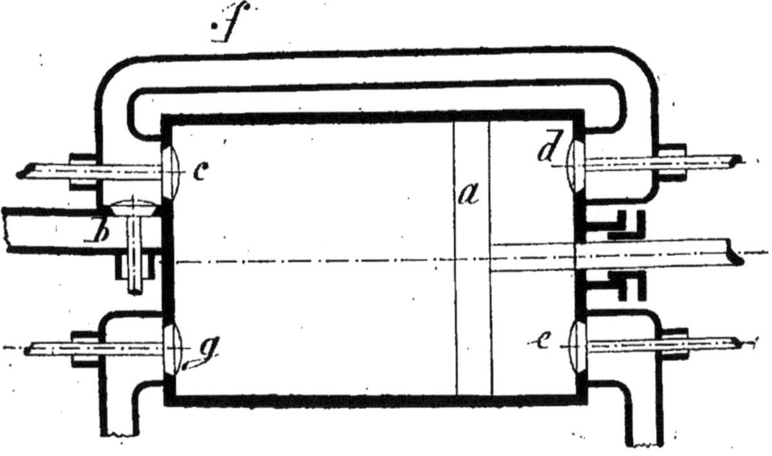

Fig. 767.

jusqu'à fin de course, et se ferme exactement à ce moment.

Le mélange va donc occuper tout le volume du cylindre ; le piston, revenant en sens inverse, de d vers c, va en refouler la moitié à travers c qui est restée soulevée jusqu'à mi-course ; le mélange se répand dans la capacité intermédiaire f et est refoulé à travers d, sur l'avant du piston où il existe une dépression engendrée par le recul du piston.

Au moment où a franchira le point mort arrière, les soupapes c et d se fermeront ; l'explosion arrière se produira par l'effet de l'étincelle électrique et la détente, dans un volume double de celui de l'aspiration, va pousser le piston qui comprimera, par conséquent, l'autre moitié du mélange primitivement introduit.

A la fin de cette course, l'explosion aura lieu sur l'avant du piston ; pendant la période de détente qui lui fera suite, les gaz de la combustion arrière seront expulsés à travers g qui a été soulevée dès le point mort.

Puis, au retour, les mêmes circonstances se reproduiront, les produits de la combustion de l'explosion avant ayant été refoulés à travers g.

Il y a donc, en résumé, pour deux révolutions du volant, deux coups moteurs se faisant suite aux extrémités d'une même course, avec remisage du volume de détente.

Le régulateur n'intervient que pour interrompre complètement l'arrivée du gaz dans le cas d'une accélération de l'allure de la machine.

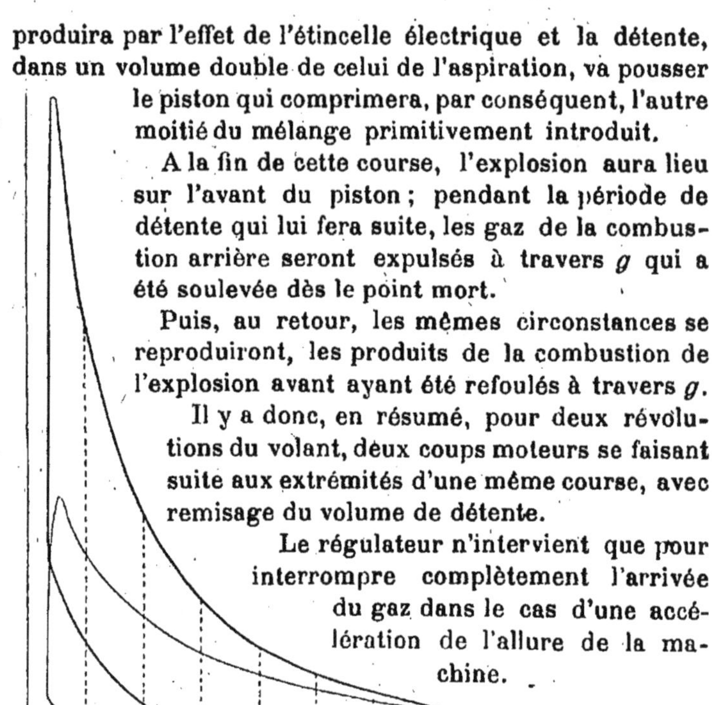

Fig. 768.

En raison des explosions consécutives plus fréquentes, ce moteur nécessite une consommation d'eau un peu supérieure à celle habituelle.

La comparaison (fig. 768), par les diagrammes, de l'utilisation du mélange par le cycle à quatre temps (traits fins) ou par le cycle *duplex* (courbe accentuée) montre une grande amélioration du rendement tenant à cette cause que la détente est beaucoup plus poussée dans ce type de moteurs; on peut enfin se rendre compte (fig. 769) que le diagramme relevé du côté du fond du cylindre est plus plein que celui résultant du côté du presse-étoupes.

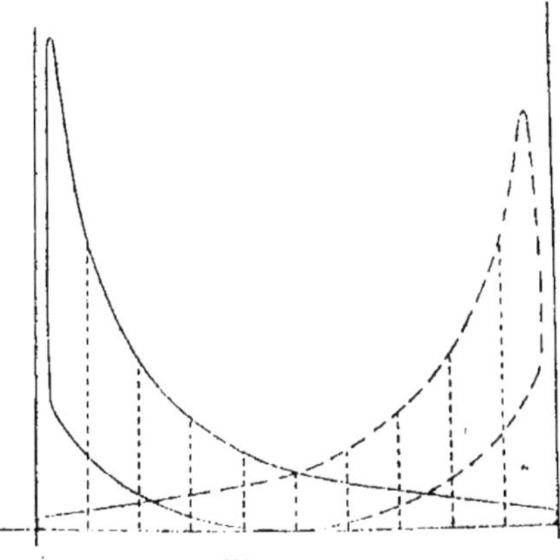

Fig. 769.

Moteur Westinghouse. — (Fig. 770). Parmi les moteurs de grande puissance tout récemment construits, le moteur Westinghouse, dont certains types peuvent développer 1500 chevaux, est resté eu égard au principe de la distribution, semblable aux machines à quatre temps.

Il est à cylindres multiples, verticaux, commandant un arbre à manivelles équilibrées; outre son action sur les soupapes d'admission et d'échappement, le régulateur commande d'autres soupapes pour doser le mélange.

L'allumage se fait électriquement par une étincelle d'extra-courant de rupture.

Les bielles sont à rattrapage de jeu; diverses ouvertures dans le bâti permettent de régler les coussinets des crosses en amenant ceux-ci en regard de ces vides; les paliers peuvent également se régler de l'extérieur.

Toute la partie inférieure du bâti forme vase clos; la visite peut se faire par des tampons boulonnés; les bielles sont donc graissées automatiquement ainsi que les supports de l'arbre et les organes invisibles de la commande des soupapes.

Pour manœuvrer la soupape d'échappement, on a disposé une came, faisant un tour par deux révolutions du volant, qui vient pousser un petit galet monté sur un levier.

L'extrémité du levier *g* porte un cliquet sur lequel repose le grain d'acier de la tige de la soupape ; la soupape d'échappement est rappelée sur son siège par un ressort.

Pour la mise en train, le cliquet du levier *g* peut être soulevé par une autre came manœuvrée à la main par une manette.

L'admission a lieu par une série de soupapes commandées par le même arbre à came qui actionne les soupapes d'échappement.

L'entrée au cylindre se fait par le jeu d'une came agissant sur une tige verticale rappelée par un ressort et actionnant un renvoi placé sur le collecteur d'arrivée; le mélange dosé est introduit après avoir été préalablement formé dans la vanne de réglage placée. à l'extrémité du collecteur.

La vanne de dosage est à deux sièges, l'un pour le gaz, l'autre pour l'air ; deux manettes graduées règlent les proportions des volumes de chacun et le régulateur centrifuge n'a pour effet que d'augmenter ou de diminuer l'admission du mélange selon l'allure du moteur, sans en changer les proportions.

Pour procéder au démarrage, on se sert de l'air comprimé à 12 kil. environ ; le compresseur d'air peut être actionné soit à la main soit par le moteur lui-même.

Au moyen de la manette spéciale on met en jeu la came de mise en train qui ouvre l'échappement de l'un des cylindres à chaque montée du piston ; on ferme l'admission de ce même cylindre par le fonctionnement d'une vis, située à l'extrémité de l'arbre A ; enfin une deuxième came,

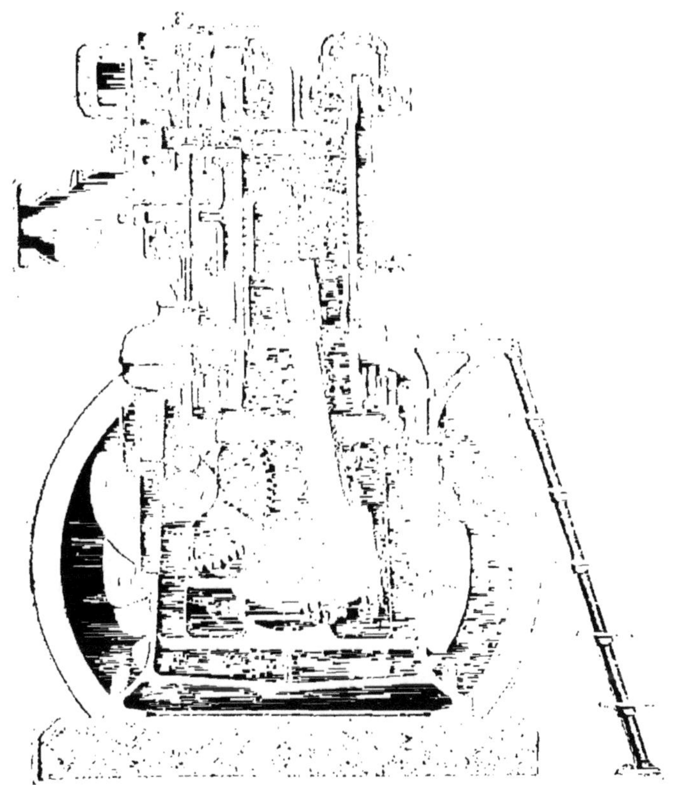

Fig. 770.

qui se trouve à l'extrémité de ce même arbre, permet d'admettre, au haut du cylindre et à chaque tour, de l'air comprimé puisé au réservoir.

L'un des cylindres fonctionne donc à l'air comprimé pendant quelques tours, entraînant ainsi les deux autres sur lesquels l'allumage finit par agir.

Le graissage des moteurs, jusqu'à 250 chevaux, se fait par barbotage des manivelles ; pour que ce graissage ne soit pas trop abondant, les segments des pistons sont disposés de façon à n'admettre que juste la quantité d'huile nécessaire à la lubrification des cylindres.

Le refroidissement est assuré par une circulation d'eau dirigée autour des cylindres, des fonds des cylindres et des sièges des soupapes.

La régularité de ces moteurs est assez grande, car les constructeurs ne craignent pas de garantir la marche en parallèle des alternateurs à commande directe actionnés par ces moteurs.

Moteur « Le Gnome ». (fig. 771) — Ce moteur, à axe vertical, se présente sous un aspect de solidité qu'il doit à ses formes ramassées et trapues.

Tout le mécanisme est intérieur et renfermé dans un bâti à section carrée, à la partie basse duquel est un réservoir d'huile où viennent barboter la tête de bielle et des anneaux de graissage.

Cette disposition met tous les organes à l'abri des poussières, en rend l'entretien presque nul et évite toute possibilité d'accident.

Le fonctionnement du moteur « Le Gnome » est basé sur le cycle à quatre temps ordinaire ; la distribution est assurée par un excentrique, dont le collier porte, à la partie supérieure, un coulisseau muni d'un taquet. Ce coulisseau se déplace latéralement de façon à éviter ou à rencontrer la tige de la soupape d'échappement, selon les circonstances ; le déplacement du coulisseau est produit par une petite came, ayant le même axe vertical qu'un pignon à

vis hélicoïdale, engrenant avec une vis sans fin calée sur
l'arbre vilebrequin ; le rapport de la vis et du pignon étant
de 1 à 2, le coulisseau effectue seulement une incursion

Fig. 771.

complète pour deux tours de moteur ; la soupape d'échappement n'est soulevée que tous les deux tours.

Le régulateur est du principe *tout ou rien* ; il n'y a pas
d'arrivée de mélange gazeux lorsque le travail résistant diminue ; il y a une rentrée d'air ou de produits de la précédente combustion, par la soupape d'échappement. A cet
effet les deux boules, en s'écartant, communiquent par
un renvoi le mouvement à un couteau, qui vient enclencher

la soupape d'échappement et la maintient soulevée jusqu'à
ce que la vitesse soit revenue à la vitesse de régime ; la
puissance varie donc ainsi selon le nombre des explosions
à la minute.

Moteur à gaz. — Les types existants peuvent fournir la

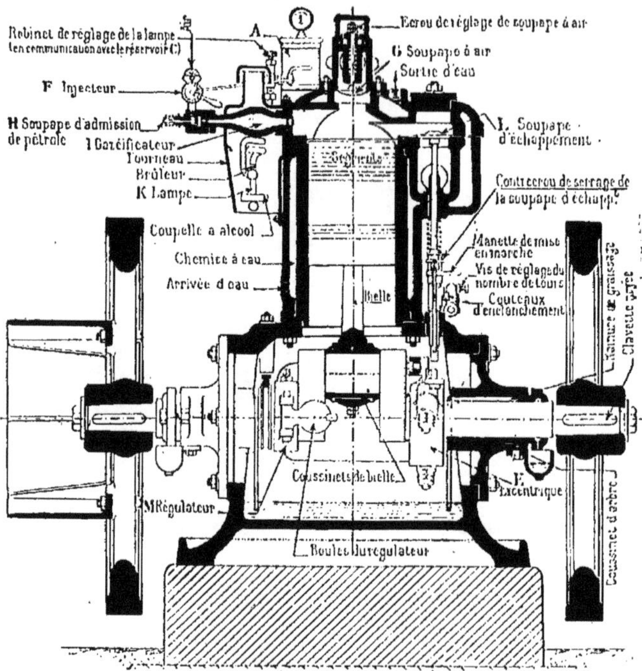

Fig. 772.

force de 1 jusqu'à 30 chevaux; le nombre de tours, qui est
de 350 à 400 à la minute pour les petites machines, descend
progressivement à 250 pour celles de 20 chevaux et plus.

Dans le cas du moteur à gaz, la soupape d'aspiration supérieure est à double clapet : le piston, en descendant,

produit un vide partiel ; le gaz et l'air, convenablement réglés par un robinet monté sur cette soupape, viennent remplir le cylindre en y produisant un mélange tonnant.

Les proportions du mélange sont aussi réglées par un petit piston atmosphérique, monté sur la même tige que les

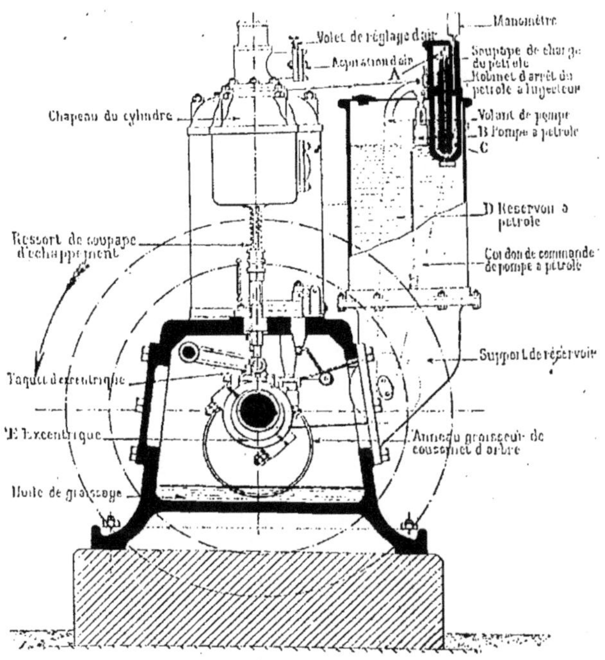

Fig. 773.

soupapes, et empêchant celles-ci de retomber trop brusquement sur leurs sièges respectifs.

L'allumage a lieu soit électriquement par magnéto, soit (fig. 771) au moyen d'un tube en porcelaine porté au rouge par un brûleur Bunsen ; en déplaçant le brûleur dans un sens ou dans l'autre, on arrive, après quelques tâtonnements, à le régler de façon à produire l'allumage à l'instant précis du retour en avant.

Quand, en effet, le piston produit la compression du mélange explosif, ce tube est rempli des gaz inertes de l'explosion précédente ; leur volume diminue au fur et à mesure de la montée du piston qui pousse un mélange frais dans le tube ; l'inflammation aura donc lieu au moment où ce mélange aura atteint la partie incandescente du tube.

La mise en route est facile ; cependant on peut adjoindre à la machine un self-starter fonctionnant soit à l'acide carbonique liquide, soit mieux à l'air que l'on comprime dans un réservoir, à l'aide d'un petit compresseur spécial.

Moteur à pétrole, essence ou alcool (fig. 772 et 773). Ces combustibles sont vaporisés ainsi qu'il suit :

Une petite pompe B, placée à l'arrière du moteur, aspire le pétrole dans le réservoir D et le refoule, sous faible pression, dans un premier récipient C, d'où il alimente une lampe serpentin K.

L'excès de pétrole monte dans un deuxième récipient A, d'où il passe au moteur ; enfin l'excès retombe par un trop-plein dans le réservoir.

Sur la gauche du cylindre, est le gazéificateur I, porté au rouge par la lampe K ; en avant de cette masse, se trouvent une petite soupape H et un injecteur à pointeau F, alimentés par de l'air et du pétrole venant du récipient A.

Au moment de la descente du piston, la petite soupape H se soulève et le pétrole, entraîné par l'air, passe dans le gazéificateur I, où il est vaporisé.

Ce mélange est trop riche en pétrole pour s'enflammer, mais il rencontre l'air provenant de la soupape supérieure G et devient apte à détonner.

Le cylindre, en remontant, comprime le mélange tonnant qui arrive peu à peu au contact du gazéificateur, porté au rouge, et s'allume au moment où le piston est en haut de sa course.

On voit donc que, dans le cas de combustibles liquides, le gazéificateur sert à la fois de vaporisateur et d'inflammateur.

La soupape d'échappement fonctionne, ici, de la même façon qu'il a été décrit ci-avant.

Chemise d eau. — Le refroidissement, dans ce moteur, est assuré par une circulation d'eau sur toutes les parties dont la température pourrait devenir exagérée.

L'arrivée a lieu par côté, dans le bas de l'enveloppe, et la sortie s'opère par le plateau supérieur, à lame d'eau également, après un passage autour de la soupape d'échappement.

A partir du type de 9 chevaux, le thermo-syphon n'est plus d'un emploi commode pour le refroidissement ; il est préférable d'utiliser l'eau sous pression ou d'adjoindre au moteur une petite pompe rotative avec réservoir ; on peut réduire le volume de celui-ci en procédant à un aérage de l'eau de circulation.

Moteurs divers. — Une description complète de chacun des moteurs construits à ce jour (1902) est, croyons-nous, superflue ; surtout pour les petites puissances, où le nombre des marques est considérable, il y a peu de variété dans l'ensemble ni même de différences appréciables dans le genre de la distribution ou dans les mécanismes, et nous préférons en récapituler les particularités essentielles dans un paragraphe général.

Presque tous fonctionnent selon le cycle de Beau de Rochas, avec compression moyenne de 3 kil. 500 à 4 kil. ; les tiroirs sont abandonnés et remplacés partout par des soupapes, dont les unes sont automatiques et les autres actionnées par cames et leviers.

L'allumage se fait, de préférence, par tube incandescent dans les moteurs moyens et par l'électricité exclusivement, pile ou magnéto, dans les fortes machines.

On adopte, de plus en plus, le régulateur à force centrifuge, dont l'action est beaucoup plus prompte sur les soupapes que ceux du type pendulaire ou à lame flexible; dans certains, il proportionne la richesse du mélange tonnant au travail résistant, en dosant l'arrivée du gaz comburant à la façon des moteurs *Letombe*, *Niel*, *Tangye*, *Crossley*, etc. Le supplément de la capacité du cylindre est rempli d'air frais.

D'autres fois, par exemple pour les moteurs Noël et Japy, l'air et le gaz entrent dans des rapports déterminés et le piston aspire, en supplément, s'il y a lieu, les gaz brûlés de l'explosion précédente.

Quand la soupape d'admission est automatique, le régulateur peut enfin laisser entr'ouverte la soupape d'échappement pendant la course en avant, de sorte que l'aspiration de gaz ne se produit pas, la soupape restant, dans ce cas, sur son siège; le point où elle se soulève peut, d'ailleurs, ainsi que dans le type *Champion*, correspondre à tel chemin, déjà parcouru par le piston, que l'on choisit.

Il ne semble pas très compliqué de transformer les moteurs à gaz de ville en moteurs à pétrole ou alcool et c'est d'ailleurs ainsi que les constructeurs ont procédé, par adjonction d'un gazéificateur chauffé par un brûleur.

Le carburateur est alimenté de liquide soit par un réservoir en charge, soit par une pompe ou engin analogue et le régulateur a, dans la plupart des cas, la fonction de doser la quantité de comburant introduit, selon la vitesse du moteur.

C'est ce qui a lieu dans le moteur Niel (fig. 736), que nous avons examiné, et que l'on a judicieusement modifié selon ces quelques principes (fig. 774); il suffira de rapporter au

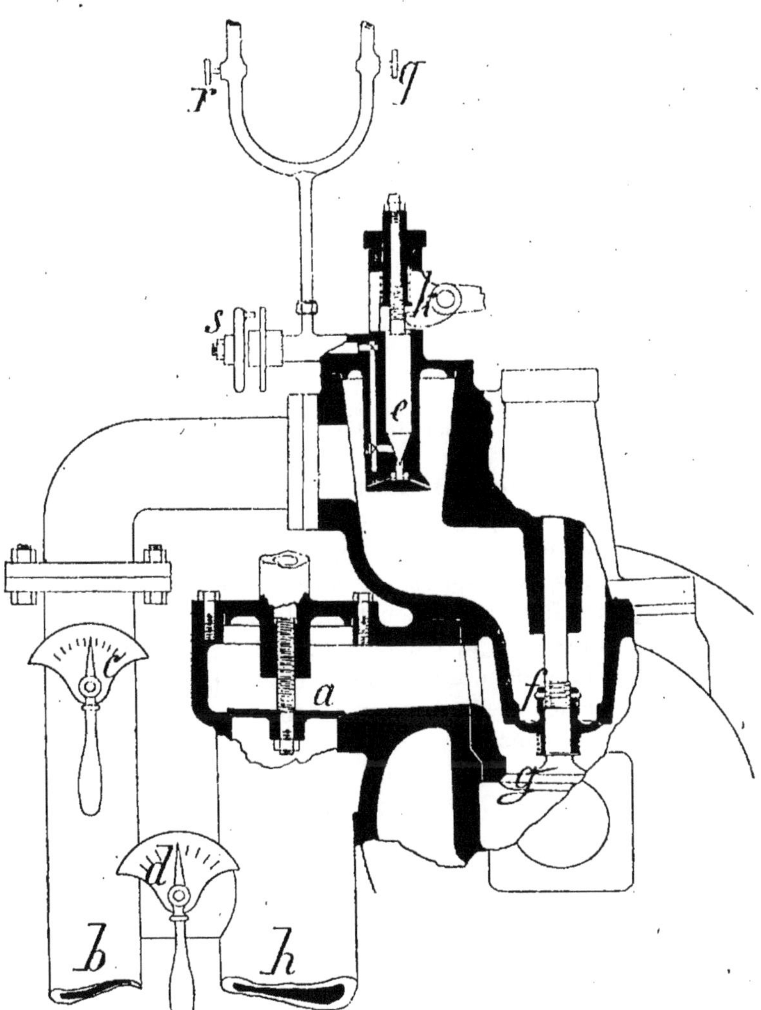

Fig. 774.

dessin les lettres de référence de la légende pour en comprendre le fonctionnement et l'économie :

a : Vanne d'aspiration d'air froid ;
b : Aspiration d'air chaud dans un réchauffeur situé à la base du moteur ;
c : Papillon de réglage de l'air chaud ;
d : Papillon de réglage de la dérivation d'air froid ;
e : Pointeau de distribution de pétrole et pulvérisateur ;
f : Soupape d'admission du pétrole vaporisé ;
g : Soupape d'admission du mélange d'air froid et de carburant ;
h : Arrivée d'essence ;
i : Arrivée de pétrole lourd ou d'alcool ;
j : Manette de réglage du pointeau d'arrivée.

L'échappement se fait dans un dash-pot dont une partie est traversée verticalement par une manche de réchauffage fermée à la partie inférieure et dont le
centre est occupé, jusque tout près du fond de la manche, par le prolongement du
tube *b* ; l'air frais entre donc par le haut, à travers de petits orifices du réchauffeur et est aspiré au centre après avoir léché la paroi intérieure de la manche
borgne.

Comme dans le cas de la figure 736, un régulateur à force centrifuge commande
le pointeau de distribution *e* au moyen d'un doigt *k*.

Moteur de Dion-Bouton. — Le moteur léger pour
automobiles, créé par cette maison, peut très bien s'adapter
à la production de petites forces, moyennant quelques
modifications accessoires, et être alimenté de gaz, de
pétrole ou d'alcool; il se construit alors pour puissances de
3 à 8 chevaux et il a, dans ces conditions, son application
toute indiquée dans une foule de circonstances, telles que
d'actionner des ateliers moyens, des machines agricoles,
des dynamos dans les villes, châteaux ou casinos, etc.

Dans ce dernier cas, en particulier, il est combiné pour
former un groupe électrogène complet de peu d'encombrement, d'un entretien facile et d'un prix très abordable.

Quant au moteur industriel, qui nous intéresse plus spécialement, il est constitué en principe par le moteur proprement dit A (fig. 775 et 775 *bis*), du type ordinaire de cette
marque, boulonné sur un socle F qui supporte également
l'arbre et les poulies B de commande au moyen de paliers
E; la vitesse de rotation est de 300 tours par minute environ
et elle est obtenue grâce aux engrenages de réduction K

et D; l'extrémité de l'arbre est munie d'une manivelle de mise en marche G.

L'alimentation en combustible liquide se fait à l'aide d'un carburateur C (fig. 775) dans lequel le pétrole ou l'essence entre en *ae* et l'air en *aa*; ces canalisations sont pourvues de dispositifs de réglage permettant de doser convenable-

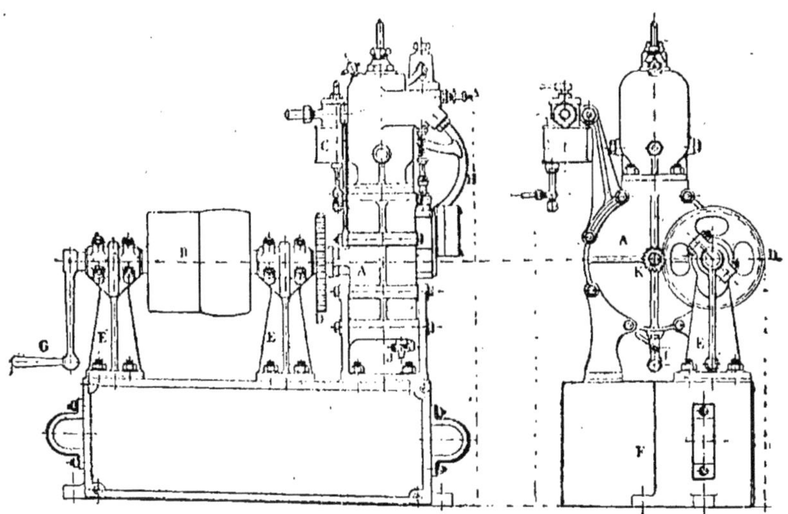

Fig. 775 et 775 *bis*.

ment le mélange qui se rend dans la boîte à soupape d'admission placée à la partie supérieure de l'appareil.

Ladite soupape est libre, maintenue seulement par un ressort de rappel à tension légère, et elle s'ouvre par la simple aspiration du piston; en-dessous, est disposée la soupape d'échappement, appuyée sur son siège par un ressort et commandée par came; cette came est calée sur un petit arbre de renvoi qui actionne en même temps le système d'allumage électrique B et P.

Le piston fonctionne selon le cycle ordinaire à 4 temps et actionne, sans tige, par bielle et manivelle, un premier arbre d'attaque sur lequel est fixé le pignon K; dans l'intérieur du moteur, cet arbre est interrompu pour le passage de la manivelle et chaque portion reçoit des volants qui barbotent dans l'huile contenue dans la caisse étanche de revêtement; c'est ce carter qui est pourvu des paliers de support, où sont pratiqués des trous de circulation du lubrifiant pour tous les organes accessoires en mouvement.

On refroidit le cylindre par un courant d'eau qui entre en $a\,c$ et sort, à la partie haute, en $s\,c$, et la vidange du carter peut se faire par le robinet J; l'échappement des gaz a lieu par un tuyau H ou $e.$ terminé par un pot, avec branchement de réchauffage du carburateur, dans la plupart des cas.

La marche du moteur est réglée par deux robinets qui fixent, l'un la composition du mélange explosif, l'autre la quantité admise au cylindre par une manette dite d'avance à l'allumage; parfois ces machines sont munies d'un régulateur à force centrifuge et, tout comme les autres moteurs déjà décrits, peuvent être refroidies par thermosiphon.

CHAPITRE IV

GAZOGÈNES ET HAUTS-FOURNEAUX

Moteurs à gaz de gazogènes ou de hauts-fourneaux. — Ce n'est guère que depuis une quinzaine d'années que les essais tentés, tant en Europe qu'en Amérique, ont eu pour résultat d'augmenter progressivement la puissance des moteurs dits à gaz ; auparavant, on ne dépassait guère 50 chevaux et, pour échapper aux brevets Otto (ou Beau de Rochas), on imaginait de produire tantôt un coup par tour avec expulsion complète des gaz inertes mais chauds, tantôt une explosion tous les trois tours à chaque bout du cylindre.

D'autres constructeurs consacrèrent deux courses à l'expulsion complète puis au balayage des gaz par une chasse d'air, ou encore firent suivre l'échappement d'un tuyau très long, formant réservoir.

On avait en effet remarqué la nécessité d'expulser complètement les gaz brûlés, souvent cause d'allumages intempestifs et l'on fut maître, de la sorte, d'augmenter peu à peu la compression qui produit un meilleur rendement thermique à cause de l'élévation de la température.

Ces deux perfectionnements, aussitôt qu'on les eut accomplis, permirent de réaliser des économies allant jusqu'à 25 pour 100 comparativement aux anciens moteurs à compression modérée ; mais ce sont principalement les progrès des *Gazogènes* qui ont amené une augmentation considérable de la force des moteurs.

Il n'entre pas dans notre programme de les décrire tous ; il suffit pour le moment de savoir que des gaz pauvres, c'est-à-dire contenant peu d'hydrogène et d'hydrocarbures, sont obtenus soit par la combustion incomplète de combustibles inférieurs, soit par la dissociation de l'eau en présence du coke à haute température.

La forte compression que le moteur leur fait subir est indispensable pour leur conserver la même énergie spécifique qu'aux gaz riches aussi bien, en outre, que pour rendre inflammables leurs mélanges avec l'air.

Avec le gaz de ville, on ne dépasse guère une compression de 4 kil. tandis que dans les moteurs avec gazogène, on va facilement à 6 kil. et plus.

Les premiers gazogènes sont dus à Dowson et à Mond ; l'eau, lancée à travers le coke incandescent, se décomposait dans ces appareils en gaz combustibles, n'exigeant qu'un peu plus de un mètre cube d'air pour constituer un mélange tonnant, au lieu des 5 à 7 volumes exigés par le gaz de ville.

Parfois on récupérait accessoirement d'autres produits tels que l'ammoniaque ou les goudrons, sous-produits du lavage des gaz ainsi engendrés.

On peut dire qu'à l'heure actuelle, et en résumant les travaux des ingénieurs qui ont tout spécialement étudié ces questions, les recherches sont surtout dirigées pour obtenir d'une façon très économique des gaz combustibles, suffisamment épurés au point de vue chimique ainsi qu'au point de vue des poussières en suspension ; que l'emploi dans les gazogènes des déchets organiques ou des charbons à bas prix est de plus en plus usité et qu'enfin, par ailleurs, tous les types de moteurs à gaz peuvent être alimentés par des gaz pauvres, à la condition de quelques modifications dans la régulation.

Mais il n'en est pas de même pour l'utilisation des gaz de haut-fourneau, à cause du volume considérable dont il faut tirer parti, et qui ne permet pas, comme pour un gazogène, d'en calculer la production en fonction de la puissance dont on a besoin.

Les premiers essais en ce sens semblent dater de 1894-1895 ; Thwaite en Angleterre, Cockerill en Belgique, les forges de Hörde, en Allemagne, ont devancé les autres pays dans ce nouveau champ d'investigations.

A ce moment, on n'avait guère employé que des compressions de 4 à 5 kil. et l'on hésitait à franchir cette limite par l'appréhension que l'on avait d'atteindre une température assez élevée pour enflammer trop tôt le mélange (*Witz*).

On savait cependant qu'à une pression plus forte correspondait une détente plus prolongée et, par suite, un meilleur rendement des moteurs.

L'emploi de gaz pauvres ne permettait pas, d'autre part, de se contenter des compressions en usage et l'on arriva assez rapidement aux perfectionnements désirables, en étudiant de plus près les phénomènes produits.

En effet, on a constaté que les mélanges riches ont une combustion très rapide et, en outre, leur explosion a lieu à haute pression, de sorte que les diagrammes, qu'on relève sur les moteurs qui les consomment (fig. 776), se présentent sous une forme plus tranchée : assez maigres au commencement de la course et très creux pendant le reste de la course.

Il en résulte de grandes variations dans les efforts sur tous les organes, que l'on ne corrige qu'au moyen de volants

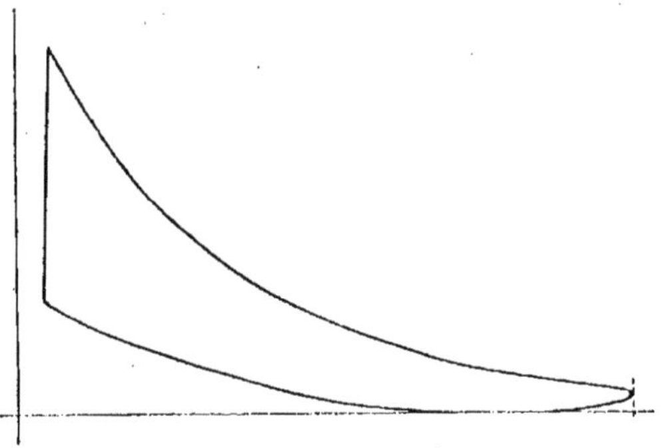

Fig. 776.

lourds, proportionnant la dépense de travail à la résistance à vaincre.

Avec des mélanges plus dilués, la combustion est plus

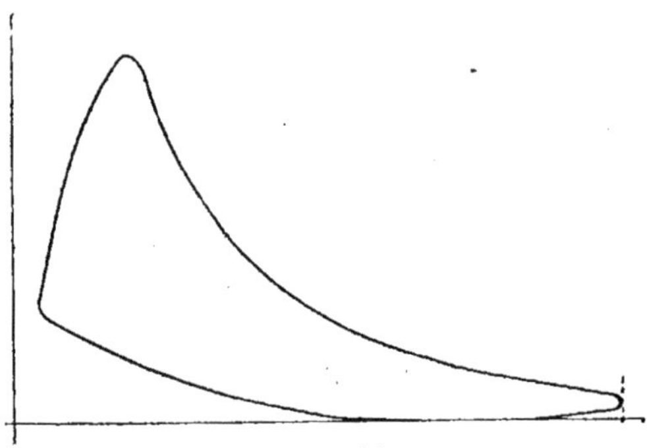

Fig. 776 bis.

lente ; l'inflammation ne se produit que progressivement et le rendement est meilleur (fig. 776 bis).

Il a été reconnu qu'avec de hautes compressions, les machines à gaz avaient facilement des rendements doubles des machines à vapeur, atteignant jusqu'à 25 pour 100; il est vrai de rappeler que les chaudières occasionnent déjà la majeure partie du déchet de ces dernières.

L'inconvénient, que l'on est tenté de reprocher aux gaz de haut-fourneau, c'est leur irrégularité ; selon l'allure, selon le haut-fourneau, selon même la fonte obtenue et les gangues, on a des disponibilités extrêmement différentes.

On admet que, par kilogramme de fonte, il y a 4.000 calories à utiliser, c'est-à-dire une quantité de chaleur susceptible de fournir au bas mot et dans les plus mauvaises conditions d'emploi, un cheval effectif.

Leur pouvoir calorifique oscille de 900 à 1.100 calories au mètre cube, alors que celui des gaz des gazogènes, un peu plus élevé, est de 1.200 à 1.400 (*Deschamps*).

Ce qui avait longtemps retardé le développement des grands moteurs à gaz de haut-fourneau, c'est la grande impureté du fluide s'échappant du gueulard ; les poussières contenues au mètre cube pèsent jusqu'à 14 grammes en moyenne et, encombrant les carneaux et les parois, forment une espèce d'enduit empêchant toute transmission des chaleurs portées par les fumées.

Le nettoyage des gaz doit donc inévitablement précéder toutes les opérations et toutes les études.

Divers épurateurs fonctionnent dans cet ordre d'idées : dépôts par la gravité, circulation dans de larges et longues conduites, jeux d'orgue, changements de vitesse ou de direction, séparation par l'eau ou par la force centrifuge, toutes ces méthodes, réunies dans leur application à un haut-fourneau plutôt qu'adoptées isolément, constituent une épuration ne laissant guère qu'une teneur en poussières de 0 gr. 1 à 0 gr. 2 par mètre cube, quantité que l'on néglige en pratique.

Il n'y a pas à se préoccuper, avec ces gaz, de l'épuration

chimique qu'il faut parfois pratiquer avec les produits des gazogènes ; l'analyse ne révèle pas de corps pouvant former des goudrons ou autres composés susceptibles d'encrasser ou de ronger les soupapes.

Le peu de vapeur d'eau qui n'aurait pas été retenue, à basse température, dans les épurateurs ou dans les gazomètres ne semble pas avoir d'influence, au contraire, pour diminuer le rendement ; sa présence fait seulement baisser légèrement le pouvoir calorifique, mais son élasticité intervient sans doute ici comme pour les moteurs à alcool.

Moteurs. — Possédant des gaz bien épurés, l'expérience montre qu'il faut combiner des moteurs spéciaux à leur application.

On devra porter, surtout, la plus grande attention à l'agencement des parties où les dépôts de poussière sont susceptibles de se former de préférence : soupapes, cylindre et segments du piston ; il est évident que l'état de propreté intérieure fera varier beaucoup la consommation des lubrifiants.

Il est à remarquer que la soupape d'admission, quand elle existe, est peu exposée à retenir les poussières en suspension, parce qu'il y a nettoyage automatique du siège, opéré par le passage des gaz froids animés d'une vitesse considérable.

Tout au contraire, l'explosion provoque un arrêt des poussières, qui tendent ensuite à se déposer sur la soupape d'échappement ; de plus, celle-ci est traversée par des produits de combustion à une température de 500 degrés environ et même beaucoup plus élevée quand la marche est anormale.

On voit donc qu'il est bon, d'après divers auteurs spéciaux, de faire largement circuler l'eau de refroidissement autour des soupapes et de les disposer pour les protéger des poussières, autant que faire se peut ; les chasses d'air sont aussi d'un judicieux usage, malgré le travail absorbé par la compression. Dans ce cas il faut donner un mouvement giratoire à l'air de balayage, afin qu'au centre comme aux parois, toutes les parties soient bien renouvelées. En général, l'allumage a lieu au moyen de l'électricité, car le dépôt des poussières sur un tube incandescent en contrarierait certainement l'effet.

Au début de l'utilisation des gaz de haut-fourneau, les moteurs les plus puissants qui existaient ne dépassaient guère la force de 150 chevaux ; construits, presque tous, conformément à la distribution en 4 temps, ils étaient constitués par des organes suffisamment robustes pour supporter des pressions d'explosion de 30 à 35 kil.

La transformation progressive qui a eu lieu depuis, a pu se faire grâce au concours d'un outillage moderne et approprié ; on atteint aujourd'hui des dimensions permettant de développer 1.000 chevaux sur le même piston et certaines études sont faites pour des groupes de 2.500 chevaux et même de 5.000.

Mais il n'est peut-être pas toujours utile ni sage de rechercher d'aussi puissantes unités et, dans l'étude d'une installation de force motrice récoltant les calories de ces gaz spéciaux, on devra toujours avoir présent à la mémoire ce principe : à partir d'une certaine limite, le rendement d'un moteur à gaz reste constant.

Sans soulever la question du refroidissement des parois, pour lequel on dépense bien plus d'eau que dans les moteurs de moindre force, il faut aussi observer que la charge maximum entraine une amélioration dans le rendement.

Le démarrage de puissantes machines de 200 chevaux et davantage ne peut plus se pratiquer de la façon primitive usitée pour les petits moteurs ; la mise en marche, par impulsion du volant à bras d'hommes, devient impossible à cause des frottements de tous genres, des fuites minimes par le piston ou les soupapes et du danger auquel sont exposés les ouvriers, s'il survenait un mouvement rétrograde ou, au contraire, des explosions inattendues.

Il est indispensable d'installer des self-starters, fonctionnant soit à l'air comprimé à 8 ou 10 kil. préalablement emmagasiné dans des accumulateurs, soit avec le concours d'un mélange tonnant à 5 ou 6 kil. qu'on enflamme derrière le piston.

On a, dans ce cas, à prendre des précautions contre le danger possible du feu communiqué au réservoir; le remède consiste à préparer les éléments de ce mélange dans deux réservoirs indépendants ou à carburer l'air, au préalable, comme dans les gazéificateurs des moteurs à pétrole.

Aussitôt que l'élan est suffisamment donné au moteur, on s'empresse de le séparer des appareils auxiliaires.

Dans le cas tout particulier de stations électriques, il est bien entendu que la mise en marche devra être faite en se servant d'accumulateurs entraînant la dynamo génératrice.

Pour toutes ces raisons, on voit que l'on peut hésiter à rechercher de grands diamètres alors qu'une répartition, sur des moteurs de moindres dimensions, permettrait une élasticité appréciable dans la variation du travail dépensé, ainsi qu'une régularité indiscutablement meilleure et un rendement plus élevé.

Gazogène Taylor. — L'accroissement de la puissance demandée aux moteurs à gaz a conduit à en abandonner l'alimentation au gaz de ville, souvent très cher, et à le remplacer par des gaz produits, à aussi bas prix que possible, dans des gazogènes où l'on brûlera soit des combustibles marchands, tels que l'anthracite, le coke et les différents charbons, soit des déchets de fabrication : débris de bois, tourteaux, tannées, amandes.

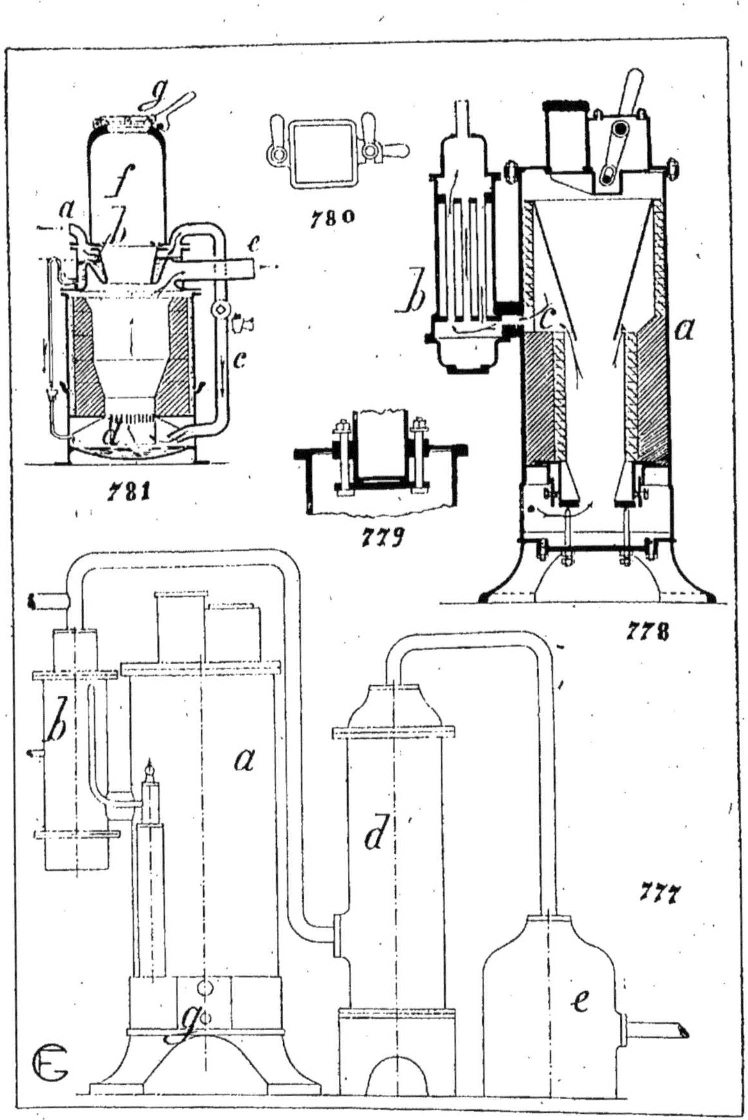

Fig. 777 à 781.

Le gazogène Taylor (fig. 777) se charge avec de l'anthracite concassé de bonne qualité ou des charbons maigres; les petits appareils consomment du charbon de bois.

Le principe de son fonctionnement est de faire passer de la vapeur d'eau sur cet anthracite incandescent; il se forme un *gaz à l'eau* qui est un mélange d'hydrogène et d'oxyde de carbone, brûlant à l'air avec une flamme bleue, plus chaude que celle du gaz de ville, mais cependant d'un pouvoir calorifique plus faible.

C'est le moteur lui-même qui, dans sa course d'aspiration, assure le passage de la vapeur d'eau et sa décomposition en produits carburés.

Le gazogène Taylor se compose d'un premier cylindre *a*, contenant le charbon en ignition sur lequel on va lancer un jet de vapeur par la partie inférieure (fig. 778).

Cette vapeur d'eau est produite dans une petite chaudière tubulaire *b*, appelée *vaporisateur*; la chaleur nécessaire à la vaporisation de l'eau lui est fournie par le gaz lui-même qui, après être monté dans la colonne de combustible incandescent, circule autour du cône du *gazogène* et entre dans le faisceau tubulaire par l'ouverture *c*.

Ensuite, le gaz chemine vers un laveur *d* où il se débarrasse des poussières et des impuretés qu'il pourrait contenir; il y entre vers la partie inférieure, pour s'échapper par le haut et arriver dans une cloche *e*, formant réservoir; c'est dans ce réservoir que le moteur doit l'aspirer au fur et à mesure des besoins.

Le chargement du combustible se fait, dans le gazogène *a*, par une trémie supérieure (fig. 779) que l'on ferme aussitôt que sa capacité est remplie d'anthracite (fig. 780); un système de levier permet, ensuite, de faire coulisser un tiroir pour laisser tomber la charge dans le cône renversé.

L'anthracite s'échauffe peu à peu en descendant, arrive à l'état incandescent dans le corps cylindrique, garni de parois réfractaires, et y subit l'action ascendante de la vapeur d'eau ; enfin il tombe en cendres sur le fond, à la hauteur de la porte d'allumage.

Une autre porte, diamétralement opposée, sert à surveiller la marche de l'appareil au moyen d'un petit regard fermé d'une lame de mica et à faciliter la chute des cendres par l'introduction d'un ringard dans une petite trappe g.

Gazogène Otto. — Cet appareil, qui fonctionne par aspiration (fig. 781), a son entrée d'air en a ; l'air se sature de vapeur dans la cuvette b et, suivant le sens indiqué par les flèches, il descend par le tuyau c au-dessous de la grille en d où tombe le trop-plein de l'eau de la cuvette b ; l'aspiration qui a lieu dans le centre de la colonne de combustible l'appelle vers la sortie e, sans qu'il puisse pénétrer dans la trémie de chargement f que clôt une porte g.

Gazogène Riché. — Le problème que l'on s'est posé ici, dans la recherche de la production d'un gaz économique, c'est l'utilisation de combustibles de toute nature : houilles, lignites, déchets quelconques ; l'emploi de l'anthracite et des charbons spéciaux avait évidemment apporté déjà un progrès sensible, mais on ne saurait comparer le prix de la calorie obtenue de ces charbons avec le bénéfice que l'on retire de la combustion de matières perdues ou de peu de valeur ou de déchets.

Un avantage très réel de ce procédé, c'est d'obtenir un gaz qui convient non seulement à la production de la force motrice mais, en outre et dans la généralité des cas, à l'éclairage et au chauffage d'usines isolées.

Les premiers appareils, brûlant les sciures, tannées ou copeaux, étaient dits à distillation renversée (fig. 782) ; un foyer a portait une cornue métallique b à température élevée ; le chargement avait lieu par une trémie c et les gaz combustibles qui distillaient étaient aspirés d'un cylindre horizontal *d* au-dessus du talus d'éboulement; après lavage dans un barillet *e*, ils étaient admis au gazomètre *f*.

Pour une marche régulière, il fallait faire grande attention à l'allure plus ou moins chaude provoquée par la con-

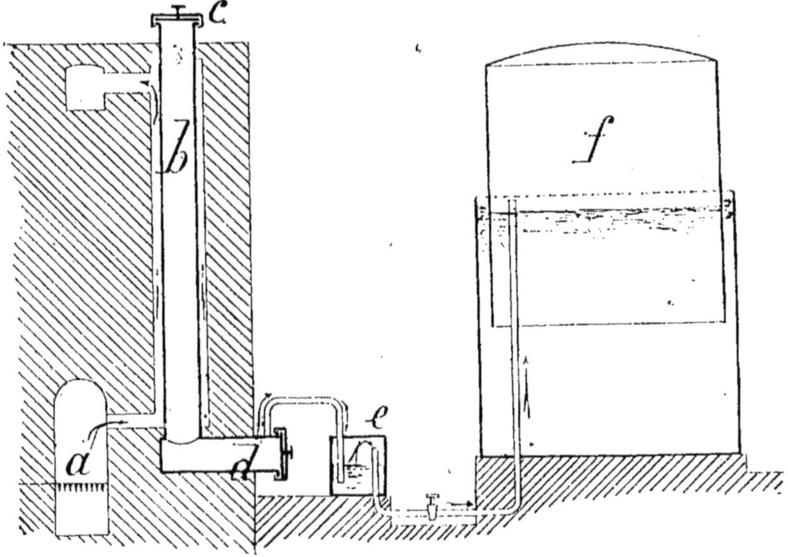

Fig. 782.

duite du foyer *a* ; le cylindre *b*, exposé à haute température, exigeait aussi certains soins lors de sa confection.

Le principe du nouvel appareil (fig. 783) consiste essentiellement dans l'adjonction, à un four à cuve ordinaire soufflé par le bas, d'une colonne de coke chauffé à haute température par les chaleurs mêmes que dégage la combustion. Ces deux colonnes verticales (l'une de combustible à gazéifier, l'autre de coke réducteur) sont réunies par un carneau horizontal constituant, entre les deux talus d'ébou-

lement du combustible, une sorte de chambre de combustion à grande section, dans laquelle on effectue une insufflation d'air.

Cette insufflation d'air est destinée à brûler les goudrons
que produit la distillation partielle du combustible cru,

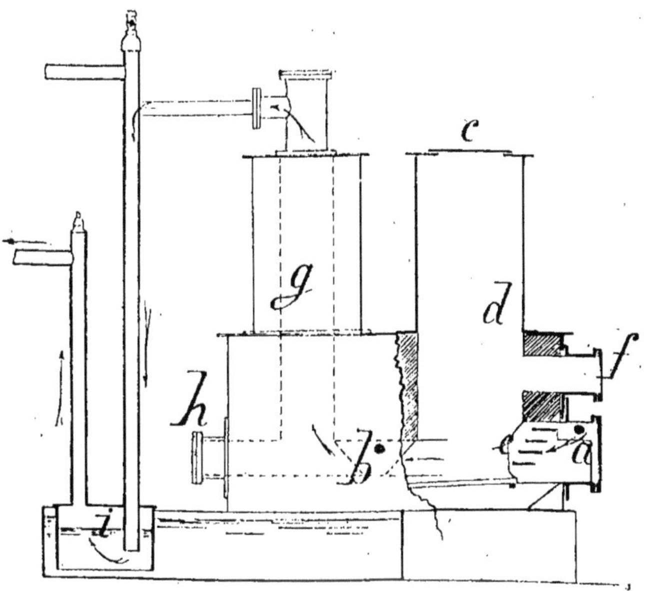

Fig. 783.

lorsque la matière introduite : houille grasse ou bois, fournit des produits de distillation.

On peut la supprimer dans le cas de combustibles ne dé-
gageant pas de corps volatils.

Au lieu d'aspirer l'air, on l'envoie dans la chambre d'é-
boulement au moyen d'un ventilateur, qui le conduit soit
en a, soit en b.

Le carneau horizontal forme vase clos; a y amène l'air

nécessaire à la combustion, tandis que b constitue l'insufflation supplémentaire.

Le combustible se charge, de temps à autre, par la porte
c à étrier de fermeture, dans le vase d qui forme colonne
et n'est à haute température que dans le pied, vers le foyer
e. Par le tampon f il est possible de ringarder la masse,
afin de la faire écouler s'il y a quelque engorgement. Mais
on a reconnu préférable de se servir de la porte c pour cette
opération.

La colonne de réduction g est remplie de coke; la dépense qu'on en fait est tout à fait négligeable, car il s'éta-
blit une sorte de compensation entre la quantité de carbone,
qui se dégage de la décarburation des goudrons, et celle
nécessaire à la transformation de l'acide carbonique en
oxyde de carbone tout le long de cette colonne réductrice;
on peut mieux comprendre l'effet qui se produit en disant
que la flamme est fuligineuse dans le bas de la colonne et
que les gaz sont complètement transparents à leur sortie.

Un tampon de décrassage h permet d'enlever les quelques
cendres et mâchefers qui se produiraient dans cette partie.
Leur quantité est restreinte et, par ailleurs, la faible vitesse
du courant gazeux dans la chambre d'éboulement ne saurait provoquer aucun entraînement de poussières dans la
colonne réductrice.

De toutes façons, on procède à une épuration du gaz dans
un barillet laveur i, servant aussi au refroidissement; quand
il y a lieu, on complète le lavage par un passage au travers
d'un appareil en tôle, contenant des couches de mousse vé-
gétale; le gaz y abandonne les traces de goudrons et de
vapeur d'eau qu'il a pu encore entraîner.

Les figures ci-jointes montrent qu'en aucun endroit
exposé au contact des flammes, il n'existe de parties métalliques, qu'elles pourraient corroder à la longue.

Le combustible arrive à la grille dans un état qui est toujours le même ; les produits de la combustion ne traversent pas de cendres et la colonne réductrice de coke est de hauteur invariable.

La réunion de ces quelques conditions assure au gaz une composition constante et un pouvoir calorifique régulier.

Nous compléterons cette description en mentionnant qu'un gazomètre est placé sur la conduite allant au moteur ; il sert de volant de débit et il est indispensable pour la mise en marche, ainsi que pour les périodes de piquage et de chargement.

Le seul travail de l'ouvrier, en dehors du chargement du combustible, consiste dans le réglage convenable des proportions d'air primaire et d'air secondaire que le ventilateur, placé près du moteur et commandé par ce dernier, envoie dans le foyer et dans la chambre de combustion située entre les deux colonnes.

Différents essais, où l'on a utilisé ces gaz à l'alimentation de moteurs ordinaires de puissances assez variées, permettent d'indiquer les consommations ci-après par cheval-heure :

Déchets de bois à 30 p. 100 d'eau. . 1 kil. 500 à 1 kil. 800
Anthracite anglais brut . . . . .   0 kil. 750
Coke brut . . . . :   0 kil. 740

CHAPITRE V

MOTEURS SPÉCIAUX

Moteur Thwaite. — En Angleterre, où l'utilisation du gaz des hauts-fourneaux semble avoir été tout d'abord étu-

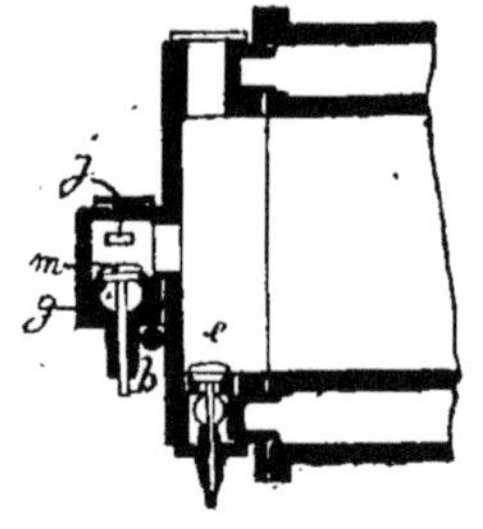

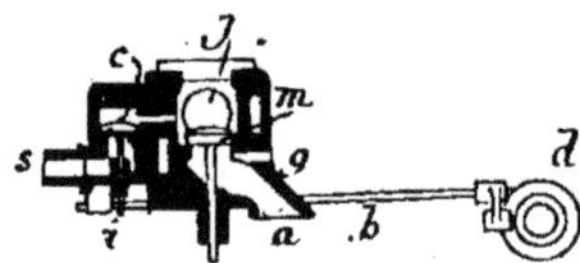

Fig. 784.   Fig. 785.

diée, M. Thwaite disposait les soupapes de manière à donner une chasse d'air alimentée par la soufflerie générale. Le mélange se forme sous la soupape m (fig. 784 et 785) par l'arrivée du gaz, en g, auquel s'adjoint en a la quantité d'air nécessaire.

Quand l'explosion a eu lieu, la soupape d'échappement e se soulève et le balayage des produits de la combustion, ainsi que des poussières en suspens, se fait par le vent sous

pression que permet d'introduire, dans le cylindre, la soupape supplémentaire m.

Tous ces mouvements sont produits par des leviers que
met en jeu l'arbre b, qui engrène avec un arbre transver-
sal d.

Moteur Premier. — Le dispositif adopté dans ce système, pour expulser les gaz inertes, consiste à monter un
piston compresseur c sur la tige commune de deux pistons
moteurs a et b réunis en tandem.

Le schéma de cet ensemble est représenté par la figure

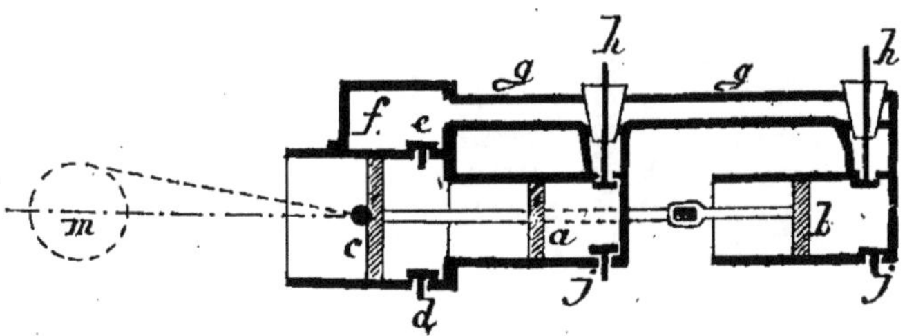

Fig. 786.

786; du côté de l'arbre des volants m est le cylindre compresseur d'air c réuni au premier cylindre moteur a ; en
prolongement de ceux-ci, est installé le deuxième cylindre
moteur b dont le piston transmet l'effort qu'il reçoit, par
une tige et une traverse, aux manivelles de l'arbre du
volant m.

Il y a, alternativement, une explosion derrière chacun des
pistons moteurs, à chaque révolution de l'arbre; le système
fonctionne donc ainsi selon un cycle à deux temps.

Pendant un tour, également, le piston d'air aspire par d,
puis refoule par b une cylindrée, à la manière d'une pompe
différentielle.

Cet air est emmagasiné, jusqu'à une pression déterminée, dans le réservoir *f*, pour être distribué, après chaque détente des gaz explosifs, tantôt en *a*, tantôt en *b* par une canalisation *g* sur laquelle sont intercalées des soupapes de chasse automatiques *h*.

Ces soupapes (fig. 787) ne servent cependant pas uniquement à l'introduction de la chasse d'air par *h*; elles sont également en communication avec le gazomètre en *l*. Pendant la période d'admission au deuxième coup en avant, une came agit sur les petites soupapes jumelées à gaz *i*, dont le régulateur modifie la levée, et le mélange est ainsi aspiré par le piston.

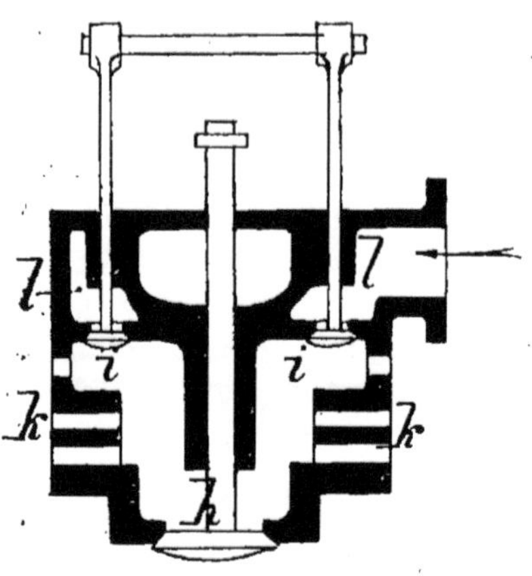

Fig. 787.

C'est par les soupapes *j* que sont expulsés les gaz de la réaction et les poussières.

Moteur Oechelhaueser (fig. 788). — L'un des traits les plus saillants parmi ceux qui caractérisent ce moteur aux dispositions si ingénieuses, c'est l'absence absolue des soupapes contribuant directement à la distribution.

Le cylindre est très long et sa périphérie est percée de trois sortes d'orifices distincts, par lesquels s'opère la distribution à deux temps.

Dans ce cylindre, ouvert aux deux bouts, se meuvent, dans des sens opposés, deux pistons qui font en même temps, sur leur parcours, office de tiroirs devant les lumières ci-dessus.

Le piston avant *a* (fig. 789) est relié directement à l'arbre du volant par une bielle *c*; le piston arrière *b*, dont la tige

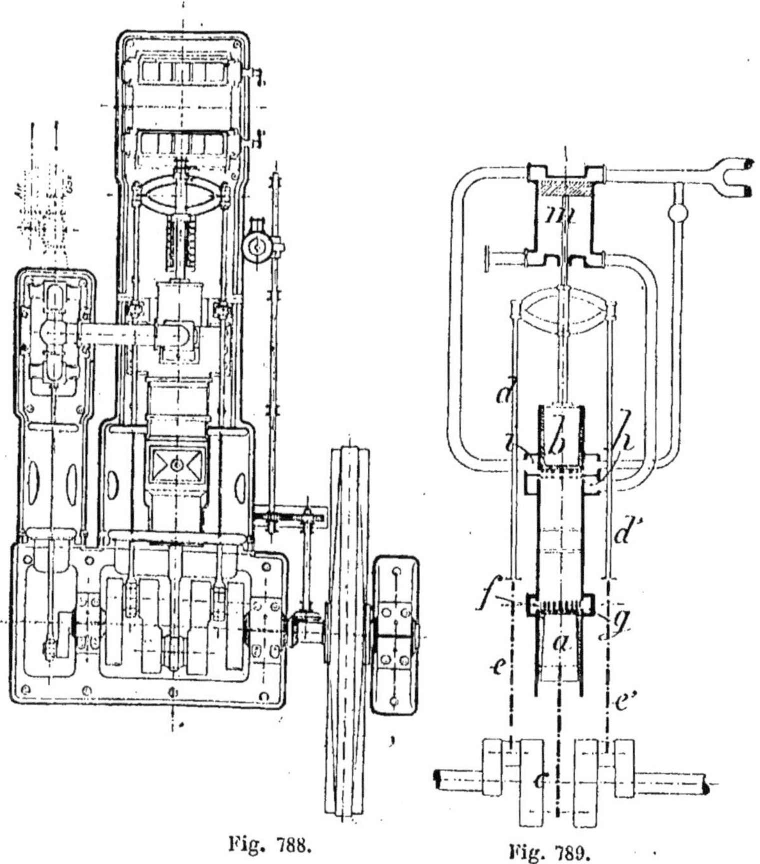

Fig. 788.   Fig. 789.

passe dans une glissière, conduit deux tiges auxiliaires *dd'* également guidées par des glissières latérales, et ces tiges s'articulent à des bielles *ee'* dont les autres têtes actionnent

VII. — *Moteurs fixes à gaz.*   10

des manivelles calées à 180 degrés de la première ; l'arbre est ainsi trois fois coudé et les manivelles extrêmes sont en prolongement de la manivelle médiane.

La description du cylindre se complète par la remarque qu'il existe des capacités annulaires correspondant avec l'intérieur du cylindre par les trois sortes de fenêtres, alternativement ouvertes ou obstruées vers la fin de chaque course des pistons ; nous en dirons tout à l'heure la destination.

Sur le même axe et en prolongement arrière du cylindre moteur, on a disposé un compresseur à double effet ; la face avant du piston aspire et comprime tour à tour de l'air pur, tandis que, sur l'autre côté, on y fait l'aspiration et le refoulement du mélange tonnant, dans des proportions déterminées soit à la main, soit par un régulateur.

Enfin des conduites appropriées, munies de vannes ou de robinets, assurent les communications respectives des extrémités du compresseur avec les réservoirs annulaires du cylindre moteur.

Il résulte de tout ce qui précède que, lorsque les pistons sont à fin de course, l'un près de l'autre, ils constituent la chambre de compression et de combustion.

C'est le moment où la compression vient de s'achever : alors une étincelle électrique enflamme le mélange et les pistons sont, chacun, repoussés vers l'extérieur.

Lorsqu'ils sont arrivés près de la fin de leur course, le piston avant a découvre les orifices d'échappement f, disposés circulairement autour de l'enveloppe et qui communiquent avec le canal d'échappement g.

Les gaz brûlés commencent donc à s'échapper ; mais, en même temps, le piston arrière découvre, lui aussi, une première série de lumières h, également disposées en couronne, par lesquelles pénètre, avec une légère surpression, une quantité déterminée d'air frais ; cet air balaie le cylindre, le refroidit et précipite le départ des résidus de combustion par les orifices d'échappement *f*.

Bientôt le piston arrière *b*, continuant sa marche, dépasse une seconde série de lumières circulaires *i*, donnant accès au mélange frais qui pénètre dans le cylindre avec une légère surpression.

Au delà du point mort, toutes les ouvertures sont successivement fermées par la marche en sens inverse des

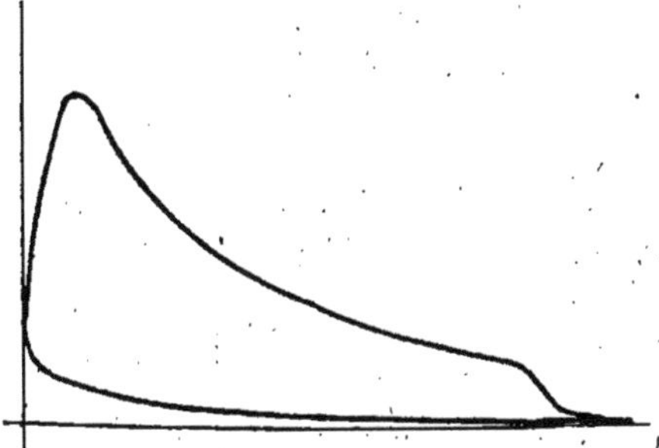

Fig. 790.

pistons et la compression du mélange s'effectue jusqu'à la fin de la course.

Pour éviter de perdre une certaine quantité du mélange tonnant, on a établi les dimensions du cylindre de travail de telle façon que 70 0/0 environ de sa capacité seulement soient remplis des quantités maxima de mélange correspondant à la plus grande charge de la machine.

La pompe de mélange *m* se trouve, ici, placée derrière le cylindre moteur et sur le même bâti ; elle est munie de tiroirs rotatifs.

Il est à remarquer que l'emplacement de cette pompe auxiliaire peut être choisi de façon à ne pas augmenter l'encombrement ; on peut, à volonté, placer cette pompe sur le côté ou dans le sous-sol, suivant les convenances.

Le réglage de la machine s'obtient des deux façons suivantes : lorsque la vitesse devient trop grande, une partie du mélange aspiré par la pompe est renvoyée hors de la conduite de pression dans la conduite d'aspiration.

Pour cela, dans une conduite de retour, se trouve un clapet plus ou moins ouvert actionné par le régulateur ; par ce clapet, l'excédent de mélange peut rentrer dans la conduite d'aspiration.

Le régulateur agit également sur la valve qui admet le gaz, ce qui permet, dans certains cas, de changer la teneur du mélange.

Moteur Cockerill. — Après divers essais sur des machines du système Delamarre-Boutteville (genre Otto ancien type), cette maison a construit un moteur de 600 chevaux que l'on a pu voir à l'Exposition de 1900 ; il avait comme diamètre 1 m. 30, comme course 1 m. 40; et tournait à 90 tours. Depuis cette époque, la puissance a été dépassée de beaucoup, puisqu'on a combiné un engin développant 5.000 chevaux.

La distribution s'opère en quatre temps et le régulateur fait varier les volumes d'admission. L'échappement se fait pendant le dernier huitième de la course de détente, et l'admission pendant le premier huitième de la course de compression, au lieu de se produire pendant des courses spéciales.

La tige du piston est creuse, ainsi que le piston, de façon à ce que ces organes soient constamment refroidis par une circulation d'eau.

On a pris la même précaution pour la soupape d'échappement, en raison de ses grandes dimensions. Un dispositif de forts leviers (fig. 791), actionnés par la came, la soulève en tendant un puissant ressort qui l'applique sur son siège. Ce ressort prend son point d'appui sur le sol, à cause de l'effort considérable qu'il doit développer pour vaincre la grande pression intérieure du cylindre.

L'admission a lieu par trois soupapes (fig. 792); l'air et le gaz passent par les soupapes inférieures, dont les sections sont calculées pour un dosage défini ; le mélange formé sous la troisième soupape est introduit lorsque la came actionne celle-ci, en la soulevant de son siège.

Un système particulier de mécanismes, fonctionnant

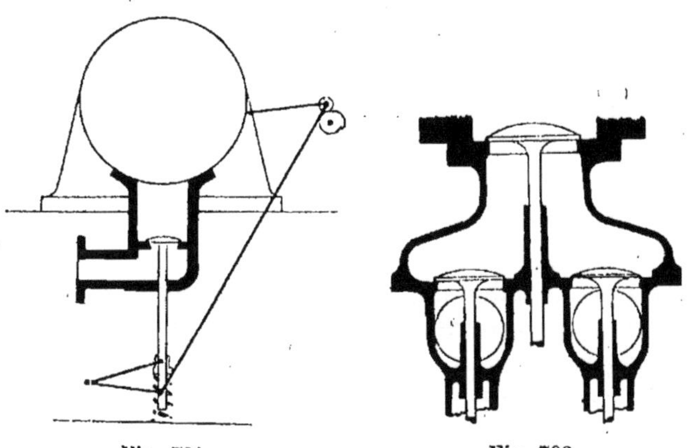

Fig. 791.   Fig. 792.

selon l'allure d'un régulateur, peut interrompre l'entrée du gaz seulement ; pendant ces coups à vide, il n'y a ainsi qu'une entrée d'air froid.

La consommation de gaz, d'un pouvoir calorifique de 950 c., est de 3 mc. environ par cheval-heure ; le volume de l'eau de refroidissement est de 60 litres au total pour la même force.

La proportion du mélange est estimée à 0 mc. 800 d'air par mètre cube de gaz ; on le comprime jusqu'à 10 kil.

Moteur Otto. — Son aspect général résulte de la disposition que cette usine a adoptée d'atteler deux cylindres sur le même bouton de manivelle (fig. 793); il y a même parfois quatre pistons opposés deux à deux, ce qui fournit régulièrement une explosion par course.

La machine est, sans doute, un peu plus compliquée, car les distributions sont indépendantes et croisées; mais la répartition plus égale des courses motrices entraîne une diminution très sensible du poids du volant.

Les proportions du mélange peuvent varier par l'adapta-

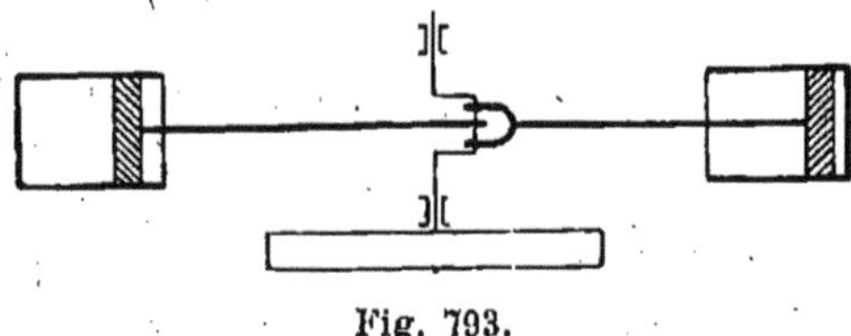

Fig. 793.

tion d'une came oblique, qui modifie, en coulissant sur l'arbre à cames, les volumes introduits selon les oscillations d'un régulateur.

Toutes les soupapes sont disposées sur la culasse arrière du cylindre, lequel est à fourreau rapporté.

Le piston est très long; il porte des segments du côté de l'allumage et des anneaux en métal antifriction à l'autre extrémité.

Les sièges des soupapes sont refroidis par une bonne circulation d'eau, tant à l'admission et au refoulement qu'à l'entrée de l'air comprimé servant au démarrage; les tiges mêmes des soupapes coulissent dans des glissières dont les parois sont à enveloppe d'eau.

L'allumage électrique est provoqué par l'arbre à cames agissant sur un déclic.

La soupape d'admission et celle d'échappement sont placées verticalement vis-à-vis l'une de l'autre (fig. 794); les poussières qui se déposent sur l'échappement sont balayées au moment de l'expulsion des gaz. L'air arrive à la soupape d'admission par un tuyau dont une valve permet de régler la section de passage à la main. Il aboutit audessus de la soupape et il entre dans la chambre de mélanges au travers d'une série de petites lumières.

Le gaz, dosé dans une première soupape obéissant à l'action de la came oblique qui reçoit son impulsion du régulateur, arrive dans la chambre annulaire supérieure et, au moment de l'aspiration, se répand dans l'air frais par des petits trous pour aboutir enfin dans la chambre de mélange.

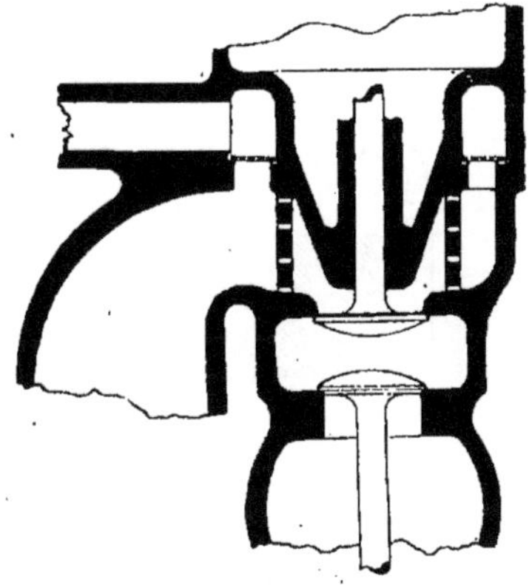

Fig. 794.

Il existe une chemise d'eau et on guide la soupape d'admission par un petit piston montant ou descendant dans un cylindre, à l'intérieur duquel est le ressort de rappel. Elle est soulevée de son siège par un balancier qui bascule sous l'effort d'une tige que déplace une came, calée sur l'arbre de distribution.

La soupape d'échappement, guidée par son enveloppe d'eau, est rappelée par la contraction d'un ressort inférieur; la came d'échappement, à demeure sur l'arbre, la soulève par l'intermédiaire d'un levier à sonnette.

Pour le démarrage, on a prévu une soupape spéciale, à enveloppe d'eau, que peut commander une came agissant sur un levier; aussitôt le moteur en marche, on bande le ressort de rappel au moyen d'un petit volant extérieur à vis.

Moteur Kœrting. — Ces moteurs, spécialement construits pour utiliser les gaz de hauts-fourneaux, sont à deux
temps et à double effet ; leur disposition générale a quelque
analogie avec celle des machines à vapeur ; ils ont, comme
celles-ci, une glissière qui guide l'articulation de la tige du
piston et de la bielle.

Sur le côté (fig. 795), il existe deux cylindres en tandem
dont les pistons, guidés par une glissière, reçoivent le

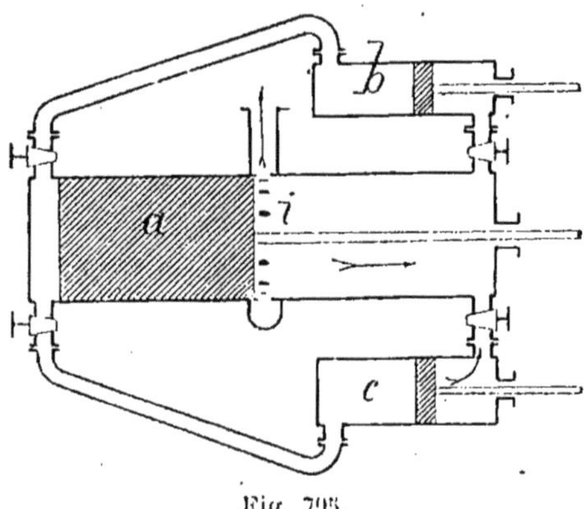

Fig. 795.

mouvement d'une manivelle calée à 110 degrés avant de la
manivelle motrice ; ces cylindres sont des pompes de compression de l'air et du gaz, à double effet ; la distribution s'y
fait par tiroirs soumis à l'influence du régulateur ; celui-ci
agit donc ainsi sur les proportions du mélange tonnant.

Il n'y a pas de soupape d'échappement ; elle est remplacée par des lumières disposées en couronne au milieu du
cylindre ; le piston les démasque aux 5/6 de la course.

L'admission a lieu par des soupapes verticales placées à
chaque bout et au-dessus du cylindre, sur des culasses
obliques ; par ces soupapes, il est possible d'admettre de
l'air seulement. Il est à remarquer qu'elles sont à l'abri de

tout gauchissement, car elles ne donnent passage qu'à des gaz frais ; leur levée ne se produit qu'au moment où il n'y a plus de pression au cylindre ; par conséquent elles se manœuvrent sous un effort assez faible.

Cet air est envoyé par le compresseur d'air, de surface beaucoup plus grande que le compresseur à gaz, bien avant l'admission générale du mélange, grâce à la disposition des tiroirs.

Quand le piston moteur arrive vers l'une des extrémités de sa course, il découvre d'abord les orifices d'échappement ; les gaz de la combustion sortent par ces orifices et la pression qui existait à fin de détente baisse jusqu'à la pression atmosphérique et très rapidement.

La soupape d'admission est soulevée à cet instant pour admettre en premier lieu une chasse d'air qui nettoie le cylindre ; le mélange dosé par le régulateur est ensuite introduit lorsque l'échappement est fermé.

Il n'y a donc pas possibilité de mélanger les gaz inertes, dilués dans la chasse préalable, avec le gaz et l'air de l'explosion.

Afin d'éviter la dilution du mélange tonnant dans la chasse d'air, on a donné aux orifices une forme et une direction appropriées telles qu'il en résulte une simple juxtaposition des veines fluides.

La charge de mélange gazeux est ensuite comprimée à la manière ordinaire, les pistons compresseurs étant vers leurs points morts, et l'explosion a lieu à fin de course de compression, par allumage électrique.

Les passages à vide ne sont pas à craindre, car l'action du régulateur consiste à retarder seulement l'accès du gaz combustible ; pour cela on interpose, entre le régulateur et l'admission, une coulisse de Stéphenson qui, si la vitesse s'accentue, n'ouvre pas tout de suite la soupape d'arrivée de gaz, alors qu'au contraire il entre une sorte de matelas d'air qui complète le volume de la cylindrée et s'appuie sur le piston.

Si l'on compare le travail moteur à la résistance qui naît de l'inertie des mécanismes, on s'aperçoit qu'au moment de l'explosion, l'inertie sur le piston est maximum et de direction opposée à l'effort; cette inertie diminue ensuite pendant la détente pour augmenter lors de la compression et apporter, par conséquent, un gain à l'effort moteur.

Il en résulte un meilleur équilibre dans les pièces en mouvement, qui se traduit par de moindres réactions sur les paliers et sur les divers mécanismes, ce qui est une excellente condition pour leur conservation.

En résumé, le fonctionnement de cette machine est le suivant, conformément au croquis ci-contre (fig. 795), où les différents organes n'occupent pas leur emplacement réel.

Le piston a, représenté à fond de course côté arrière, vient de découvrir les orifices d'échappement i de la cylindrée avant; les gaz inertes de l'explosion précédente avant s'évacuent en un temps très court et il n'y a plus de pression de ce côté.

A ce moment, la soupape d'admission avant est soulevée par une came; la pompe c refoule une certaine quantité d'air qui balaie le cylindre et en chasse complètement les produits de la combustion ; un instant après, le tiroir de la pompe b découvre le passage du gaz et les deux pompes c et b envoient simultanément dans le cylindre : l'une de l'air, l'autre du gaz, qui forment le mélange explosif.

Le piston, en revenant en avant, c'est-à-dire en se rapprochant de l'arbre du volant, recouvre d'abord les orifices d'échappement et comprime le mélange tonnant dès que la soupape d'admission se ferme.

Quand la manivelle a franchi le point mort avant, l'inflammation se produit et la course motrice s'effectue d'avant en arrière.

Mais auparavant toutefois, en arrivant vers la fin de sa course, le piston découvre les mêmes orifices i du côté arrière du cylindre ; l'échappement des gaz brûlés à l'arrière du piston, dans l'explosion précédente, s'effectue comme il a été dit plus haut, et les mêmes phénomènes se reproduisent pour ce côté du piston pendant la marche dans l'autre sens.

On obtient donc, ainsi que dans une machine à vapeur, deux courses motrices par tour de l'arbre du volant.

CHAPITRE VI

EMPLOI DE COMBUSTIBLES QUELCONQUES

Utilisation des pétroles lourds et autres combustibles denses. — Presque tous les moteurs précédents, que nous n'avons choisis, parmi tant d'autres, que comme exemples des transformations successives qu'ont éprouvées ces engins, sont susceptibles d'être plus ou moins modifiés pour brûler indifféremment le gaz ordinaire ou le gaz pauvre, le pétrole lampant ou l'alcool ; la question se résume à approprier des dispositifs spéciaux pour utiliser chacun de ces combustibles, ainsi qu'on a pu s'en rendre compte.

Il reste à examiner, après cette rapide étude d'ensemble, les moteurs dont l'alimentation doit se faire avec tout hydrocarbure de qualité ou de densité quelconques, et même avec des poussières de charbon.

En effet, il est à souhaiter que, pour la combustion intérieure, on puisse arriver à utiliser certains résidus hydrocarburés à bas prix, tels que ceux qu'obtiennent de nombreuses industries comme sous-produits : naphtalines brutes, huiles et goudrons des usines de houille, huiles lourdes de pétrole, celles de schiste ou des distilleries d'alcool, etc.; car la force motrice serait alors créée dans des conditions d'économie défiant toute comparaison.

Jusqu'à présent, l'attention des praticiens avait été détournée de l'emploi cependant si intéressant de ces matières par diverses raisons : ces hydrocarbures ne circulent pas aussi aisément dans les canalisations à cause de leur viscosité; après l'inflammation ils laissent, sur les surfaces vaporisatrices et dans le moteur même, des dépôts charbonneux considérables si on les emploie dans les conditions ordinaires de combustion; il est à regretter, enfin, que la plupart des dispositifs imaginés pour volatiliser ou gazéifier les combustibles, même moins denses que le pétrole lampant, ressemblent d'une façon surprenante à ceux que l'on avait combinés pour le gaz de ville.

Afin de montrer dans quelle voie se sont dirigées les recherches pour la solution de ce problème, nous décrirons le moteur *Diesel* dont le fonctionnement est, aujourd'hui, sorti des études théoriques, et le système *Chénier et Lion*, dont nous croyons bon de dire quelques mots.

Moteur Diesel. — Malgré l'aridité d'un tel préambule, que le lecteur pourra cependant compléter en se reportant à ce qui a été dit, en *Mécanique générale*, à propos de la Théorie mécanique de la chaleur et du cycle de Carnot (page 114), il est tout d'abord nécessaire d'indiquer sur quelles considérations scientifiques s'appuie cette machine, fort étudiée dans chacun de ses détails.

Le cycle moteur, c'est-à-dire la traduction graphique des diverses phases du travail, a été réalisé dans cette machine d'une manière telle que la forme générale du cycle de Carnot n'y est que peu modifiée, pour satisfaire aux données pratiques que l'on s'était imposées comme éléments de la question.

Il fallait, en effet, renoncer à procéder selon ce cycle

théorique puisque l'on savait, d'autre part, qu'il est impossible de considérer comme absolument exactes les bases qui devaient y correspondre et quelles étaient les réactions chimiques qui ont lieu pendant la combustion ainsi que la variabilité des chaleurs spécifiques des gaz produits ; c'est donc un cycle approximatif dont il faut se contenter (*Zeuner*).

Pour se conformer au cycle de Carnot, on commence par comprimer un fluide ; puis dans la deuxième phase, celle de la dilatation, on doit fournir de la chaleur pour que cette détente se fasse à température constante ; dans la troisième, il se dilatait librement.

Mais, dans le cas qui nous occupe, celui de corps tangibles, l'addition ou la soustraction de chaleur, à travers des parois métalliques, ne se ferait pas sans des difficultés multiples et il est évident qu'alors ces parois s'échaufferaient au rouge ; c'est pourquoi, dans le moteur Diesel, on atteint la température de combustion au préalable et, en outre, le combustible est introduit graduellement, de sorte que toute quantité de chaleur dégagée est immédiatement consommée et utilisée sous forme de détente pour produire le travail.

Enfin, pour la quatrième phase du cycle de Carnot, la compression avait lieu sous température constante, c'est-à-dire selon une courbe isothermique ; à cause des difficultés pratiques de cette compression isothermique et de la pression élevée qu'elle exige, elle a été remplacée par une simple compression adiabatique, c'est-à-dire n'exigeant que du travail.

Le diagramme représentant, dès lors, l'évolution du fluide (fig. 796) se compose d'une première courbe *abc*, celle de la compression ; puis, le long de *cd* a lieu la combustion isothermique ou tout au moins celle qui s'en rapproche sensiblement ; enfin *da* est la détente adiabatique poussée à l'extrême, mais dont on supprime l'extrémité en pratique (comme dans les machines à vapeur), car elle exigerait des dimensions de cylindre inadmissibles.

D'un autre côté, dans l'état actuel des procédés industriels, la compression ne peut être poussée au delà d'une

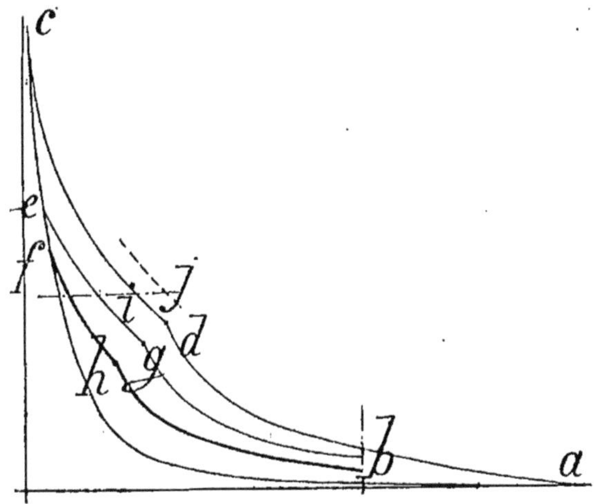

Fig. 796.

certaine limite; de sorte que l'on ne peut comprimer assez loin, c'est-à-dire jusqu'en *c*, pour obtenir une surface de diagramme suffisante avec la combustion isothermique; on voit donc que si la compression cesse en *e* ou en *f*, ce qui correspond à des courbes isothermiques *eg* ou *fh*, la surface du diagramme sera sensiblement inférieure pour la même machine.

Afin de ne pas réduire le diagramme dans ces proportions et ne pouvant partir que d'une compression *f*, on a donc ajouté une combustion isothermique *id*, que rendent saillante les diagrammes relevés sur les machines construites; elle se remarque aux points (3) (fig. 797). En outre,

en prolongeant la combustion *fi* au delà de l'isothermique
c, jusqu'en *j*, ce dernier point *j* correspond à une isothermique plus élevée et on réalise ainsi un diagramme de sur-

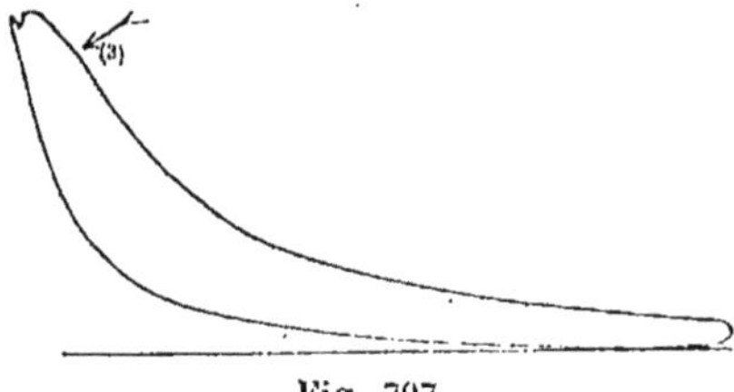

Fig. 797.

face beaucoup plus étendue ; l'accroissement de température
de *f* en *j* oblige, toutefois, à refroidir les parois et comme,
pour un même volume de cylindre, la quantité de combus-

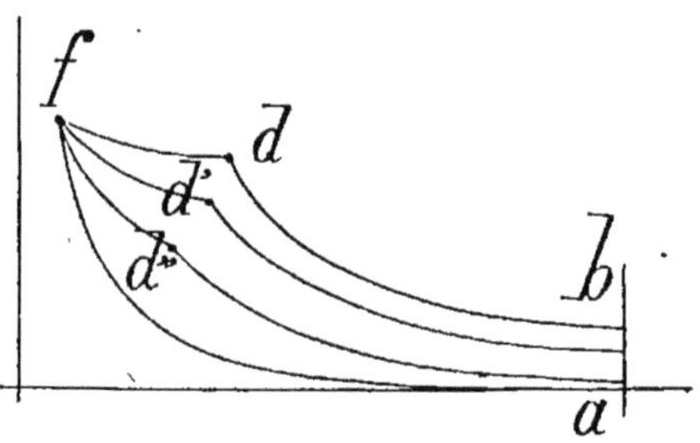

Fig. 798.

tible introduit est plus considérable, il s'ensuit que l'excès
d'air comburant est sensiblement réduit.

En résumé, la marche est réglée de la manière suivante
(fig. 798) : compression, de *a* en *f*, à 30 à 40 kil. ; combustion à peu près isothermique *f d''* pour les faibles charges,
avec des courbes de combustion de plus en plus ascen-
dantes *fd'*, *fd*, pour les charges plus importantes ; détente
de *d* ou *d''* vers *b*.

Le moteur Diesel fonctionne, par conséquent, selon un cycle à quatre temps tout à fait spécial : le piston commence

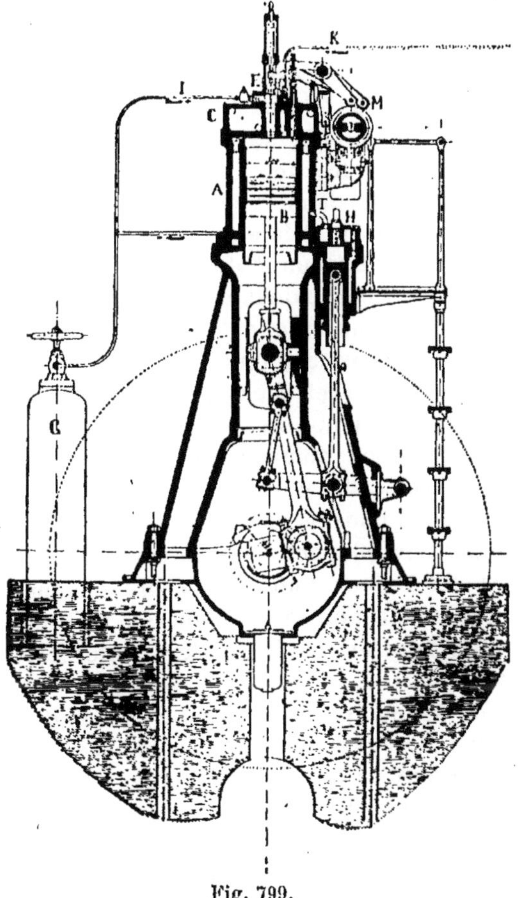

Fig. 799.

par aspirer l'air dans l'atmosphère ; puis il comprime cet air dans le cylindre, toutes soupapes fermées, à environ

35 kil., pression qui produit une élévation considérable de la température ; à la fin de la compression, la température de l'air dépasse de beaucoup celle qui est nécessaire pour l'inflammation du combustible employé ; il est à remarquer aussi que cette température est atteinte avant la combustion et indépendamment de celle-ci.

Le troisième temps peut se scinder en deux phases ; pendant la première fraction de la course du piston, le combustible est injecté dans le cylindre et s'y enflamme grâce à la température préalablement obtenue dans cet espace ; c'est une combustion lente qui se produit, dont la courbe varie avec la charge de la machine. Dans la seconde fraction de la course, après que l'injection de combustible a cessé, la masse gazeuse continue à se détendre et à pousser le piston, mais en se refroidissant.

Lors du quatrième temps du cycle, les gaz sont expulsés par le piston dans son mouvement opposé ou, tout au moins, en majeure partie, puisque l'espace libre n'est pas balayé par le piston dans sa course.

Ainsi que dans la plupart des moteurs précédents, ce cycle correspond à deux tours de l'arbre moteur, ce qui nécessite la présence d'un volant d'énergie suffisante pour régulariser la vitesse de rotation malgré l'intermittence de l'effort moteur.

La machine se compose (fig. 799) d'un cylindre A (1), avec son piston B, à axe vertical ; elle comprend une tige, une bielle ainsi que les organes ordinaires de la transmission du mouvement ; les soupapes et la distribution sont fixées au fond C du cylindre.

L'aspiration de l'air se fait par la soupape D, 1er temps lorsque le piston descend ; l'introduction graduelle de combustible a lieu par l'ajutage E, par insufflation au

____

(1) Extrait des comptes rendus du congrès de mécanique de 1900.

moyen d'air comprimé accumulé dans un réservoir G à la
pression de 40 à 45 kil. ; cette compression est faite par

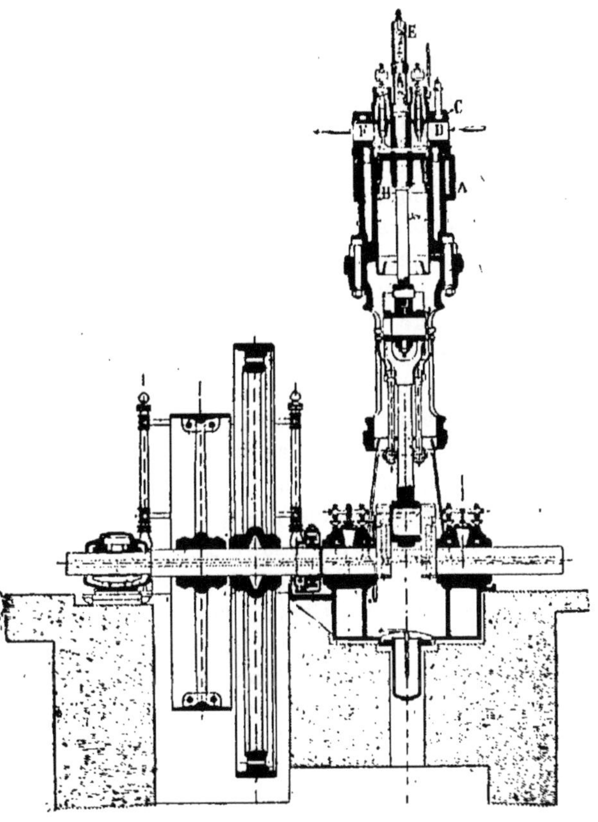

Fig. 800.

une pompe H actionnée par une bielle et un levier mis en
mouvement par la grande bielle motrice.

Le réservoir G communique par un tuyau I avec l'ajutage E qu'un tuyau K joint à une petite pompe à pétrole ;

cette dernière refoule, à chaque coup de piston, une très légère quantité de combustible dans le corps de l'ajutage E, et, dès que la distribution ouvre la soupape de cet ajutage, le combustible est insufflé graduellement dans la chambre de combustion du cylindre par suite de l'excès de pression de l'air contenu dans le réservoir G.

L'admission de pétrole, ainsi chassé par l'air comprimé, est réglée par l'ouverture d'une aiguille soupape qui se soulève de 4 millimètres pendant les 12 ou 13 premiers centièmes de la course du piston moteur ; mais la fraction de course, pendant laquelle le combustible pénètre dans le cylindre, est plus ou moins réduite suivant la quantité de pétrole qui constitue la charge, quantité variable sous l'action du régulateur.

La distribution de la machine, outre l'aiguille d'injection du pétrole, comprend une soupape d'admission d'air et une soupape d'échappement. Ces divers organes, ainsi que la pompe à pétrole, sont commandés par un arbre auxiliaire tournant deux fois moins vite que l'arbre moteur.

La circulation d'eau est nécessaire comme dans les autres moteurs à gaz et à pétrole, bien que la température atteinte par les gaz, dans le moteur Diesel, se trouve limitée plus bas que dans la plupart de ces autres moteurs.

La mise en marche de la machine est facile ; il suffit de faire tourner l'arbre à la main jusqu'à ce que le point mort supérieur soit dépassé ; alors l'air comprimé dans le réservoir spécial agit pour lui faire faire un tour et la charge s'allume dès le début du second tour ; la facilité avec laquelle se produit la combustion du pétrole, dès les premiers tours de la machine, est digne de remarque.

L'arrêt s'obtient très aisément en supprimant, au moyen d'un robinet, l'envoi du pétrole refoulé par la pompe.

Le nouveau procédé a été également appliqué aux combustibles solides pulvérulents ; la principale difficulté, dans

cette application, consistait en l'injection du combustible
en poudre à travers les fines ouvertures des ajutages
dans la chambre de combustion à des températures et à
des pressions trèsélevées et dans la répartition du combustible insufflé dans toute la masse d'air contenue dans la
chambre.

Cette difficulté technique a été tournée en mélangeant le
charbon pulvérulent à l'air comburant pendant la période
d'aspiration et en le comprimant avec cet air. La compression, étant accompagnée d'une très forte élévation de
la température, prépare pour ainsi dire la poussière de
charbon à la combustion en la surchauffant et en la distil-
lant, de sorte que, par l'injection d'une petite quantité de
combustible liquide (pétrole) dans ce mélange comprimé,
on en provoque l'allumage ; la forme de la courbe de combustion est ensuite influencée par le réglage de la période
d'admission du combustible liquide.

Moteur Chénier et Lion. — Il a été conçu pour brûler
indifféremment une huile lourde de consistance visqueuse
ou un hydrocarbure solide, à la seule condition que celui-
ci soit fusible ; de la sorte, il donne le cheval-heure à un
prix aussi bas que les moteurs à gaz pauvre, mais sans les
encombrements onéreux que ceux-ci nécessitent ; il peut,
de plus, s'appliquer aux plus petites forces.

Les moyens de principe appliqués dans la construction
de ce moteur sont les suivants :

Réchauffage préalable, comme dans le moteur Diesel, du
combustible solide ou visqueux ;

Pulvérisation de l'hydrocarbure, ainsi amené à l'état de
fluidité parfaite et placé dans un réservoir généralement en
décharge (c'est-à-dire plus bas que la soupape d'admission), au moyen d'un pulvérisateur permettant de régler,
indépendamment, le débit du liquide et la section de

l'appel d'air ; il pénètre dans la chambre d'allumage un mélange formé d'air et de buée d'hydrocarbure ;

Introduction du mélange, ainsi formé, dans une chambre qui est en même temps la chambre de vaporisation et la chambre d'explosion, avec réchauffage spontané de cette chambre, par le passage, dans toute la longueur, de la totalité des gaz brûlés, avant leur échappement.

La température maximum du réchauffage dépend simplement de la nature de l'hydrocarbure employé ; elle peut être d'autant plus élevée que le point initial d'ébullition de l'hydrocarbure l'est lui-même.

Pour ne pas amener de trouble dans l'admission du liquide, qui cesserait d'être aspiré à partir d'une certaine température acquise, les moyens de réchauffage varient suivant les cas ; avec les combustibles solides et les huiles visqueuses, on règle le courant de gaz chauds par des dispositifs appropriés : régulation, régulateurs à parois élastiques, réservoirs, etc.

Dans la plupart des cas, il suffit que le réservoir soit en communication avec un manomètre dont l'indication permet de se rendre compte, par la tension, de la température acquise et, par conséquent, d'agir à la main sur le registre.

Au moyen d'un injecteur-pulvérisateur, on obtient une manœuvre simple et facile, permettant de régler, indépendamment l'un de l'autre, le débit du liquide et la section de l'appel d'air ; le courant d'air aspiré est tellement violent que l'hydrocarbure, déjà amené par le réchauffage préalable à son état de fluidité parfaite, est vaporisé instantanément et projeté, dans la chambre d'allumage, à l'état de buée d'une ténuité extrême.

Chacune des molécules d'hydrocarbure est, en quelque sorte, entourée d'une enveloppe d'air et lorsque, dans ces conditions et le mélange étant introduit dans la chambre

d'allumage, l'explosion a lieu, cet état de ténuité impalpable
des molécules de vapeur, entourées et étroitement mélan-

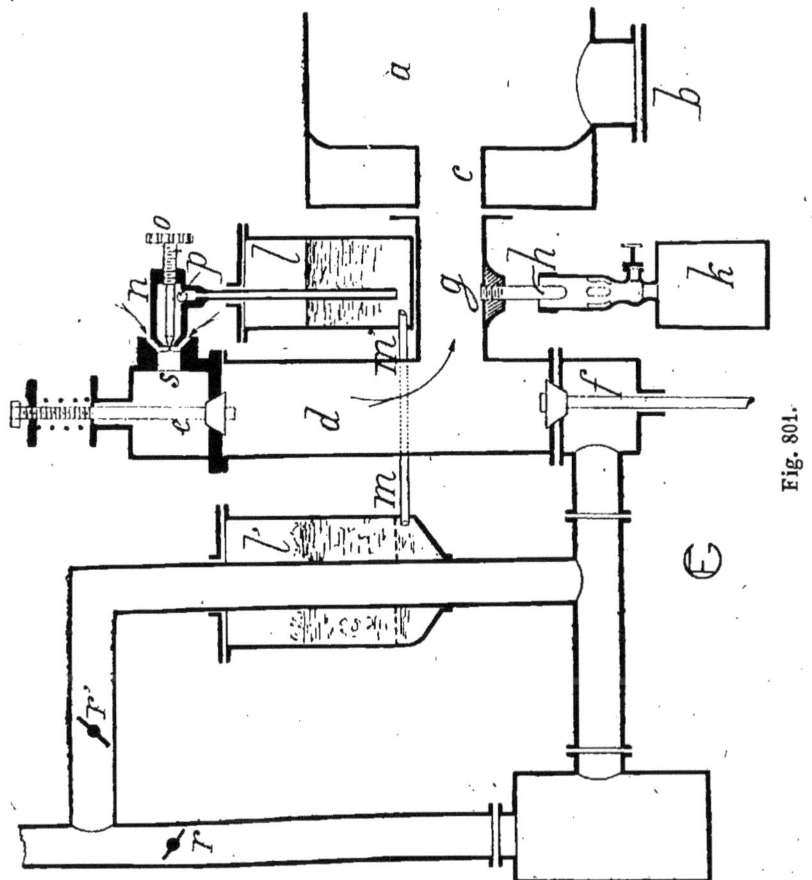

Fig. 801.

gées à des molécules d'air, ne paraît pas permettre à la
pyrogénisation de s'effectuer.

Ce qu'il y a de certain, c'est qu'il ne se produit pas de

dépôt de coke adhérent, ce qui a lieu, comme on sait, toutes les fois qu'on fait passer le mélange combustible dans les conduits d'un vaporisateur, lesquels se bouchent au bout de quelques heures.

D'ailleurs, le peu de charbon très ténu qui se produit va être presque instantanément et intégralement, brûlé ; ce résultat est obtenu en pratiquant la décharge dans la partie la plus reculée de la chambre, dont toute la longueur est léchée par les gaz d'échappement.

Les surfaces vaporisatrices sont donc chauffées non seulement par les gaz mais, comme d'ordinaire, aussi par la chambre d'allumage et par la chaleur dégagée lors de l'explosion.

Dans ces conditions, ce qui reste des petits dépôts, impalpables et non adhérents, qui se forment successivement et qui s'accumulent à la longue, s'enlève périodiquement avec la plus grande facilité, grâce à des moyens accessoires de construction.

Les organes, par lesquels on a réalisé ces principes, sont figurés dans le schéma ci-contre (fig. 801) ; ils ont été ramenés dans le même plan afin de faciliter l'intelligence de la description.

a est le cylindre du moteur, avec son orifice de culasse *c* et un orifice spécial *b*, pour la visite et le nettoyage, lequel est bouché par un tampon. Cet orifice, qui laisse le passage de la main, permet, à la fois, d'évacuer facilement et périodiquement les crasses non adhérentes qui, en s'accumulant, finiraient par troubler la marche du moteur, et de se rendre compte du moment où celui-ci réclame un nettoyage complet.

d est le vaporisateur muni, à son sommet, de la soupape d'admission *e* et, en bas, de la soupape d'échappement *f* commandée à la façon ordinaire ; le vaporisateur est raccordé au moteur au moyen d'un ou plusieurs conduits *g*, dont l'un porte le tube d'allumage h, chauffé par une lampe ou un brûleur k, de système quelconque.

l est un petit réservoir, dit réservoir de départ, situé dans le courant des gaz chauds de la lampe h; il permet d'alimenter le moteur en combustible réchauffé dès sa mise en route. Plus tard, il est alimenté au moyen du conduit mm' par le réservoir l', de plus grande capacité et disposé de façon à pouvoir être chauffé par une dérivation du tuyau d'échappement.

r, r' sont deux registres, disposés sur la branche principale de l'échappement et sur la branche dérivée, dont la manœuvre combinée permet de faire passer dans la branche dérivée tout l'échappement ou la fraction convenable pour maintenir le réservoir l' à température convenable. La commande desdits registres peut être, d'ailleurs, rendue automatique.

n est un injecteur pulvérisateur muni d'une vis à pointeau o, susceptible de fermer ou d'ouvrir son orifice de la quantité convenable, ainsi que d'un grain de plomb p ou d'une lamelle jouant le rôle de clapet de retenue pour le liquide, entre deux aspirations du moteur. Cet injecteur puise le liquide réchauffé dans le réservoir de départ au moyen d'un tube plongeur dont l'extrémité supérieure est précisément fermée par le clapet ou grain de plomb en question ; sa course est limitée par la tige du pointeau qui l'empêche de sortir de son siège.

La tête de l'injecteur est conique et s'engage dans un évidement également conique r dépendant de l'une des parois de la boîte de la soupape d'admission.

Sous l'influence de l'aspiration du moteur, l'air est appelé par l'espace annulaire qui subsiste entre les deux cônes, en même temps que la dépression force le liquide à monter dans l'injecteur et à jaillir avec force par son orifice, convenablement ouvert en desserrant le pointeau.

La violence du courant d'air, dont on règle l'entrée en déplaçant l'une des surfaces coniques par rapport à l'autre (par un moyen quelconque approprié), pulvérise le jet liquide dont la buée se mélange intimement avec l'air avant son introduction dans le moteur, en suivant le trajet *dgc* où la buée se vaporise au contact de surfaces très chaudes et continuellement réchauffées, ainsi qu'il a été expliqué ci-dessus.

FIN

TABLE DES MATIÈRES

ÉMILE COLIN, IMPRIMERIE DE LAGNY (S.-ET-M.)

ibrairie Bernard Tignol,
53 bis, Quai des Grands-Augustins

Téléphone 823.28

CATALOGUE

DES

Ouvrages Scientifiques

ET INDUSTRIELS

En Vente a la Librairie Bernard TIGNOL

PREMIÈRE PARTIE

ÉLECTRICITÉ

INDUSTRIES DIVERSES

Arts et Manufactures — Chimie Industrielle

Ces livres sont envoyés franco, joindre à la demande le montant en un
mandat-poste
Nous fournissons également tous les ouvrages de Science,
Industrie, Littérature, etc., qui ne figurent pas dans nos Catalogues
La Maison se charge de publier à son compte ou à celui des Auteurs
tous les ouvrages se rattachant à sa spécialité

1905

PARIS

Librairie Bernard TIGNOL

PUBLICATIONS DE LA
LIBRAIRIE de L'ÉCOLE CENTRALE des ARTS et MANUFACTURES
53 bis, Quai des Grands-Augustins, 53 bis

Accumulateurs (Voir ÉLECTRICITÉ, PILES).

Les Accumulateurs électriques. Nouvelle édition, par
F. CACHEUX, ingénieur-électricien. — 1 vol. in-16 avec figures dans le texte, 1901. — Prix. . . . . **4** fr.

TABLE DES CHAPITRES. — Description et mode d'emploi des piles secondaires. — Les accumulateurs anciens et nouveaux. — Montage des éléments et choix du local pour les accumulateurs. — Charge et décharge. — Les accidents : leurs causes et leurs remèdes. — Résumé.

Acétylène.

L'Acétylène et ses Applications, par F. DOMMER, ingénieur
des Arts et Manufactures, professeur à l'École de physique et de chimie industrielles de la Ville de Paris; 1 beau vol. in-16.

Cet ouvrage, est entièrement consacré à l'*Acétylène*, le nouveau et déjà célèbre concurrent du gaz et de l'électricité. Tout ce que nous savons à ce jour sur l'acétylène, préparation de carbure de calcium, emploi dans l'éclairage, lampes mobiles, régulateurs, application à la carburation du gaz, à la traction, aux produits chimiques, alcool, etc., est décrit minutieusement. — Prix. . . . **4** fr. **50**

Acide sulfurique.

Fabrication de l'Acide sulfurique. Procédés de contact,
par E. PÉTITGOUT, in-16, 10 figures, 1902. — Prix. . . . . **1** fr. **50**

Aérostation.

Manuel pratique de l'Aéronaute. Étoffe.— Couture.— Filet.
— Soupape. — Nacelle.— Lest. — Guide-rope. — Courants. — Observations. — Descente, etc. — Par W. DE FONVIELLE; in-16, figures. — Prix . **5** fr.

3,000 kilomètres en Ballon, par Maurice FARMAN, 1 volume
in-8° illustré de nombreuses figures. — Prix. . . . . **3** fr. **50**

Machines aériennes d'aluminium (Fusairs et Uranes), par
CONST. FONTANA, in-16 avec figures. — Prix. . . . . **1** fr. **50**

Aérostation. Construction, description et direction des ballons, par MIRET,
in-8°, 58 pages, 37 figures. — Prix . . . . **2** fr. **50**

Agriculture.

Petite Encyclopédie d'Agriculture, publiée sous la direction de M. A. LARBALÉTRIER, professeur à l'Ecole d'Agriculture de Grand-Jouan. Chaque ouvrage forme un volume in-16 avec nombreuses figures dans le texte. Les 10 volumes ensemble. Prix : **15 fr.**

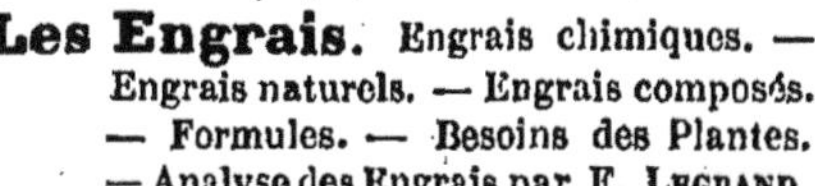
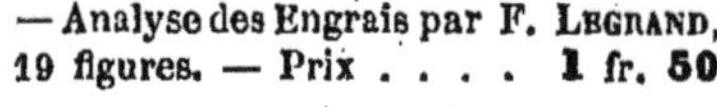
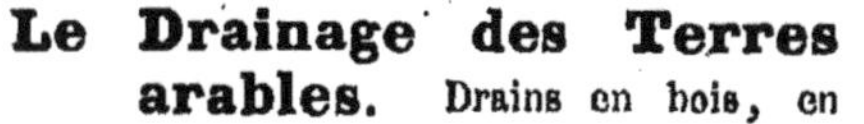
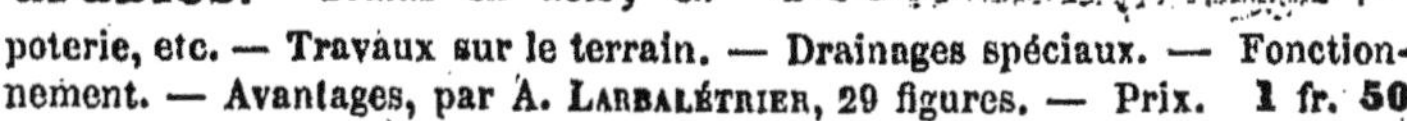

Les Engrais. Engrais chimiques. — Engrais naturels. — Engrais composés. — Formules. — Besoins des Plantes. — Analyse des Engrais par F. LEGRAND, 19 figures. — Prix . . . . **1 fr. 50**

Le Drainage des Terres arables. Drains en bois, en poterie, etc. — Travaux sur le terrain. — Drainages spéciaux. — Fonctionnement. — Avantages, par A. LARBALÉTRIER, 29 figures. — Prix. **1 fr. 50**

Élevage du Bétail. Chevaux.—Bœufs.—Vaches,—Moutons.—Porcs, etc. par Em. DARBORY, propriétaire-éleveur, 55 figures . . . . **1 fr. 50**

Nos Légumes et nos Fleurs. Caractères. — Variétés. — Culture.— Maladies, etc., par E. FAVERI et A. LARBALÉTRIER, 56 figures. **1 fr. 50**

Laiterie, Beurre et Fabrication des Fromages. Lait.— Analyse. — Conservation.— Écrémage.— Barattage. — Conservation. — Fromages mous, frais, affinés, cuits, etc., par E. RIGAUX professeur à l'École d'Agriculture de Mende, 320 pages, 73 figures . . . . **3 fr.**

Machines agricoles et Constructions rurales. Charrues.— Herses. — Semoirs.— Faucheuses. — Moissonneuses. — Lieuses. — Batteuses, etc. — Constructions : Écuries. — Bouveries. — Étables, in-16, nombreuses figures, par G. MÉNUL, 112 figures. — Prix. . . . . **1 fr. 50**

Céréales et Fourrages. Culture pratique. — Froment. — Seigle. — Orge. — Avoine. — Sarrasin. — Trèfle. — Betterave, etc., par A. LARBALÉTRIER, 51 figures . . . . **1 fr. 50**

Arbres fruitiers et la Vigne. Fumure. — Conduite. — Multiplication. — Variétés : Abricotier. — Amandier. — Cerisier, etc. — La Vigne. — Cépage, Culture, Accidents, Maladies, par P. D'AYGALLIERS, 46 figures . . . . **3 fr.**

Cidre, Poiré et Boissons économiques. Culture du pommier et du poirier. — Fabrication du cidre et du poiré. — Maladie du cidre, remèdes. — Eaux-de-vie. — Vinaigre. — Conservation des fruits. — Vins de Dattes, Figues, Poires, Pommes tapées. — Vins de fruits frais, Cerises, Prunes, Framboises, Groseilles, etc., 24 fig., par E. RIGAUX. **1 fr. 50**

Volailles, Lapins et Abeilles. Poules. Élevage, Incubation, Engraissement, Pintades, Dindons, Oies, Canards, Pigeons. — Lapins. Élevage, Alimentation. — Abeilles. Colonies, Nourriture, Rucher, Essaimage, Ruche, Récolte du miel, par E. PARADIS et A. MONTOUX, 52 fig. — Prix. **1 fr. 50**

Conserves alimentaires. Fruits, Légumes, Poissons et Viandes, par DE NOTER; 1 beau volume in-16, 67 figures. — Prix . . . . **3 fr.**

Fabrication de l'alcool; Distilleries agricoles, par E. ROBINET et G. CANU; 1 vol. in-16, 55 figures, cartonné. — Prix **3 fr.**

La Vaccination charbonneuse, d'après PASTEUR, par CH. CHAMBERLAND; in-8°, 10 figures, cartonnage toile. — Prix . . . . **5 fr.**

Aluminium.

L'Aluminium. Nouveaux procédés de fabrication. — Alliages. — Emplois récents de l'aluminium. — Par Ad. MINET, ingénieur-électricien; 2 volumes in-16, figures dans le texte. — Prix . . . . **9 fr.**

On vend séparément :
1re PARTIE : Fabrication. — Prix . . . . **4 fr. 50**
2e PARTIE : Alliages, Emplois. — Prix . . . . **4 fr. 50**

Amalgames.

Les Amalgames et leurs applications, par Léon de MONTILLET, ingénieur des Arts et Manufactures; in-8°. 1904. — Prix . . . **2 fr**

Ammoniaque

L'Ammoniaque, ses nouveaux Procédés de Fabrication et ses Applications. L'Ammoniaque. — Ses sels ammoniacaux. — Propriétés physiques. — Fabrication. — Travail des Eaux ammoniacales. — Analyse de l'Ammoniaque. — Des Sels ammoniacaux. — Des Matières premières. — Dosage dans les Eaux. — Applications. — Production et Consommation. — Brevets. — Par P. TRUCHOT, ingénieur-chimiste; in-16, figures. — Prix . . . . **6 fr.**

Architecture et Constructions.

Aide-Mémoire de poche de l'Architecte et de l'Ingénieur-Constructeur, pour le calcul des Constructions. — Formules usuelles. — Fondations. — Poutres. — Planchers en fer et en bois. — Calcul des Fermes. — Maçonnerie. — Hydraulique. — Électricité. — Chauffage. — Escaliers, etc. — Tables. — Par Ch. Sée, ingénieur-architecte; 1 volume in-16, avec figures, cartonné, toile anglaise. — Prix. . . . . **4 fr. 50**

Tables à l'usage des Constructeurs, donnant, par la connaissance de la corde et de la flèche, le rayon, l'angle au centre, etc. — Par L. Sergent, in-12 (1882). — Prix. . . . . **1 fr. 50**

Les Cheminées d'usines. Constructions. — Réparations, par Victor Lefèvre, ingénieur civil ; 1 volume in-16 de 48 pages, avec 13 figures dans le texte. — Prix. . . . . **1 fr. 50**

La Tour Eiffel de 300 mètres de l'Exposition Universelle. — Historique et Description ; par Max de Nansouty, ingénieur ; 1 volume in-16 de 140 pages; nombreuses figures. — Prix. . . **2 fr. 50**

Arpentage.

Manuel pratique d'Arpentage et de levé des Plans, par G. Dallet, du Service géographique de l'Armée, 1 volume in-16, 73 figures dans le texte. — Prix. . . . . **4 fr.**

Automobiles. — Motocyclette.

Manuel pratique du Constructeur d'Automobiles à pétrole, par Maurice Farman. — Un beau volume in-16, avec 65 figures dans le texte et un atlas de 20 planches in-4°. — Prix. . . **9 fr.**

La fin de l'Exposition universelle a marqué l'entrée de l'automobilisme dans une seconde période qui permet enfin la publication d'un ouvrage mis au courant des derniers progrès accomplis et donnant, pour les plus importantes marques, les détails de construction de la voiture automobile et le montage du moteur.

Le livre de M. Maurice Farman sera aussi utile aux constructeurs et aux propriétaires qu'aux nombreux mécaniciens qui sont chargés journellement d'exécuter les réparations urgentes.

Manuel du Conducteur-Chauffeur d'Automobiles, par Maurice Farman. — Achat d'une Automobile. — Moteurs. — Carburation. — Allumage. — Transmissions. — Freins. — Essieux. — Roues. — Différents types : Panhard, Renault, Mercédès, Mors, de Dietrich. etc. — Excursions. — Réglementation. — In-8°, 75 figures, 3me édition. 1904. — Prix. **4 fr. 50**

La Motocyclette. Choix de la machine et des appareils. — Accessoires. — Moteur à quatre temps. — Carburateur à pulvérisation. — Conduite. — Graissage. — Transmission. — Pannes, etc., par A. Coquelet, un beau volume in-8°, figures. — Prix. . . . . **1 fr. 75**

Bière.

Manuel pratique de la Fabrication de la Bière,

par P. Boulin, chimiste-industriel; un gros volume in-16, avec figures dans le texte et une planche (plan d'une grande brasserie). — Préparation du malt. — Brassage. — Le moût. — Houblonnage. — Fermentation. — Levure. — Mise en levain, etc. — Les fûts. — Caves. — Clarification. — Diverses méthodes de brassage. — Analyse. — Falsification, etc. — Prix. **9 fr.**

Tables du degré de fermentation et du rendement en extrait donnés immédiatement sans calcul,

par Jean Stauffer, professeur à l'École de brasserie de Munich. 1 grand volume in-8° de 964 pages. Cartonné toile. — Prix. . . . **10 fr.**

Bois et Arbres.

Conservation des Bois.

Séchage rapide, imputrescibilité et ininflammabilité des bois, par P. Dumesny, in-16 avec figures, 1902. — Prix. **1 fr. 50**

Arbres fruitiers et la Vigne.

Fumure. — Conduite. — Multiplication. — Variétés : Abricotier. — Amandier. — Cerisier, etc. — La Vigne. — Cépage, Culture, Accidents, Maladies, par P. d'Aygalliers, 48 figures. — Prix . . . . **3 fr.**

Traité de Sylviculture générale.

Culture, Aménagement et Gestion des Forêts, par Alexis Frochot, sous-inspecteur des Forêts. — 1 volume in-8°, 264 pages, 41 figures. — Prix . . . . **10 fr.**

Bougies (Voir Savons).

Théorie et pratique de la Fabrication des Bougies, des Chandelles et Savons de Toilette,

par Léon Droux et V. Larue, ingénieurs-chimistes ; in-8° de 592 pages, 108 figures dans le texte et un atlas de 19 planches in-4°, cartonnage toile anglaise.

Cet ouvrage doit être considéré comme un *vade-mecum* indispensable pour tous ceux dont l'industrie a pour base les matières grasses : fabricants d'acides gras, huiliers, stéariniers, chandeliers, savonniers et parfumeurs, etc. Sous une forme condensée, on y trouve, avec les renseignements les plus complets, les études théoriques et pratiques sur les matières premières, l'outillage, la fabrication, les progrès réalisés dans chacune de ces industries. — Prix. . . . . **20 fr.**

Boulangerie.

Manuel du Boulanger et du Pâtissier-Boulanger.

Boulangerie et Pâtisserie-Boulangère françaises et étrangères, par E. Favrais, boulanger-pâtissier à Paris, fondateur de l'école professionnelle de la boulangerie; 1 beau volume in-8° avec 124 figures dans le texte, 2 planches en noir et 17 planches en couleur. — Prix. . . . . **12 fr.**

Briques et Tuiles.

Guide du Briquetier : Briques, Tuiles, Carreaux,
par Émile LEJEUNE, ingénieur-industriel, 4ᵐᵉ édition. — Sous presse.

Chaleur.

La Chaleur.
Leçons élémentaires sur la thermométrie, la calorimétrie, la thermodynamique et la dissipation de l'énergie, par J. CLERK MAXWELL F. R. S., édition française d'après la 8ᵐᵉ édition anglaise, par G. MOURET, ingénieur des ponts et chaussées, avec préface de M. A. POTIER, membre de l'Institut, in-16, figures dans le texte. — Prix. . . . . **6 fr.**

Chauffeurs (Voir AUTOMOBILES, MÉCANIQUE et MACHINES).

Catéchisme des Chauffeurs et des Machinistes,
traitant de la législation, de la combustion, de l'entretien, de la conduite des machines, mise en marche, description des organes, arrêt, machines spéciales, chaudières, foyers, appareils de sûreté, etc., 6ᵐᵉ édition, revue et augmentée d'un appendice, in-16, figures dans le texte.
Prix . . . . **1 fr. 50**

Chaux et Ciments (Voir BRIQUES ET TUILES).

Guide du Chaufournier et du Plâtrier,
du fabricant de ciments, bétons et mortiers hydrauliques, par Émile LEJEUNE, ingénieur; 3ᵐᵉ édition, 1 beau volume in-16, 59 figures dans le texte. — Prix . . . . . . **5 f.**

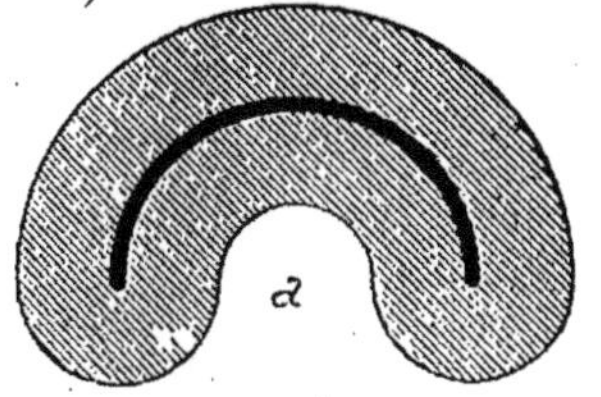

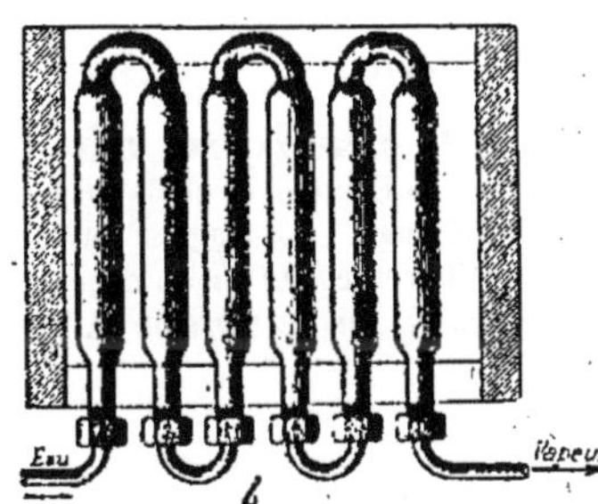

Coupe d'un tube de générateur Serpollet.
Raccord des tubes dans le générateur.

Chemins de fer.

Calcul des Voies.
Partie théorique et Formules, par J. MARIDET, chef de section P.-L.-M., in-8°, 1876. — Prix réduit . . . . **2 fr. 50**

Chimie (Voir page 28).

Dictionnaire de Chimie industrielle,
contenant toutes les applications de la Chimie à l'Industrie, à la Pharmacie, à la Métallurgie, à

l'Agriculture, à la Pyrotechnie et aux Arts et Métiers, avec la traduction russe, anglaise, allemande, espagnole et italienne des principaux termes techniques, par M. A.-M. VILLON, ingénieur-chimiste, professeur de technologie chimique, ancien rédacteur en chef de *la Revue de Chimie industrielle*, et par M. P. GUICHARD, Président de la Société de Pharmacie Membre de la Société chimique de Paris, ancien professeur de Chimie et de Teinture à la Société industrielle d'Amiens; 3 beaux volumes in-4°, 2,300 pages, 1,200 figures. — Prix . . . . **75 fr.**

On vend séparément :

Le tome 1er, **30** fr. — Le tome II, **25** fr. — Le tome III, **25** fr.

Principes de Chimie, par DIMITRI MENDÉLÉEFF, professeur à l'Université de Saint-Pétersbourg (édition française), par MM. ACHKINASI et CARRION, avec préface par M. le professeur Armand GAUTIER, 2 vol. in-16 cartonnés.

TOME I. — L'étude de la chimie. — L'eau et ses combinaisons. — Composition de l'eau et hydrogène. — L'oxygène. — Ozone et peroxyde d'hydrogène. — Loi de Dalton. — Azote et air atmosphérique. — Composés hydrogénés de l'azote. — Molécules et atomes. — 1 vol. in-16, nombreuses figures, 585 pages. — Prix . . . . **7 fr. 50**

TOME II. — Carbone et hydrocarbures. — Chlorure de sodium. — Les Halogènes : chlore, brome, iode, fluor. — Potassium, rubidium, cesium, lithium. — Capacité calorique des métaux. — Similitude des éléments et Loi périodique. 1 vol. in-16, figures dans le texte, 499 pages. — Prix. **7 fr. 50**

Chocolat.

Manuel pratique du Chocolatier. Le Cacaoyer et sa culture. — Examen et choix du cacao. — Aromates. — Fabrication du chocolat. — Mélange. — Broyage et finissage. — Installation d'une chocolaterie moderne. — Différentes sortes de chocolat. — Moulage et empaquetage. — Falsification. — Par L. DE BELFORT DE LA ROQUE; in-16, nombreuses fig. — Prix. **4 fr. 50**

Cidre.

Cidre, Poiré et Boissons économiques. Culture du pommier et du poirier, — Fabrication du Cidre et du Poiré. — Maladie du Cidre, Remèdes. — Eaux-de-vie — Vinaigre. — Conservation des fruits. — Vins de Dattes, Figues, Poires, Pommes tapées. — Vins de fruits frais : Cerises, Prunes, Framboises, Groseilles, etc., 24 fig., par E. RIGAUX. **1 fr. 50**

Combustibles (Voir GAZ).

Étude sur les Combustibles en général et sur leur emploi au chauffage par les gaz, par M. LENCAUCHEZ, ingénieur civil; 1 vol. grand in-8°, 344 pages, 55 fig. dans le texte et un atlas de 31 pl. in-folio. — Prix. **16 fr.**

Comptabilité.

Traité général théorique et pratique de Comptabilité commerciale, Industrielle et administrative, par G. OPPELT. — Ouvrage adopté pour l'Enseignement.
1 volume in-8° (1876), 367 pages. — Prix réduit . . . . **4 fr.**

Conserves.

Manuel des Conserves alimentaires. Fruits, Légumes, Poissons, Gibier et Animaux de boucherie, in-16, nombreuses figures, 1902. par R. DE NOTEN. — Prix . . . . . **3 fr.**

Corderie.

Fabrication des Cordes, Câbles, Ficelles et Filins. Fabrication à la main et fabrication mécanique. — Matières textiles. — Variétés. — Goudronnage. — Cordes en chanvre. — Chanvre de Manille. — Essai des cordages. — Chanvre de corderie. — Défibrage des vieux câbles. — Cordes de fantaisie, etc. — Par Alfred RENOUARD, manufacturier à Lille; in-8°, 44 figures. — Prix . . . . **10 fr.**

Spécimen des figures : Autoclave.
Appareil domestique pour la cuisson des conserves
pour restaurants, hôtels, châteaux, etc.

Corps gras.

Les Corps gras. Huiles végétales, non-siccatives, siccatives. — Huiles animales. — Graisses végétales. — Graisses animales. — Suifs. — Cires. — Matières grasses minérales. — Lubrifiants, etc. — Par A.-M. VILLON, ingénieur-chimiste, in-16, figures dans le texte. (2me tirage). — Prix . . **6 fr.**

Le Frottement, le Graissage des Machines et les Lubrifiants, par R. H. THURSTON, professeur à l'Université de New-York, 2me édition française; 1 vol. in-16, avec figures dans le texte. — Prix . . . . **4 fr.**

Couleurs (Voir TEINTURE).

Manuel pratique de la Fabrication des Couleurs.
Matières premières employées dans la préparation des couleurs, essences et vernis, par MM. R. LEMOINE et Ch. DU MANOIR; 1 beau volume in-8°, 300 pages. — Prix . . . . **6 fr.**

L'ouvrage que nous présentons au public est le plus complet qui ait été fait jusqu'à ce jour ; les documents et les matériaux dont nous nous sommes entourés ont été puisés aux sources les plus sûres, nos expériences personnelles nous ont permis d'écarter de la pratique tout ce qui n'offrait pas une garantie suffisante.

Nous avons évité l'emploi des termes scientifiques, ayant moins en vue de faire une œuvre de savant que d'être utile à ceux qui emploient journellement les couleurs.

Nous espérons avoir rendu service à tous ceux qui s'occupent de la couleur, à quelque titre que ce soit, et qu'ils nous sauront gré de la publication de ce travail.

Notions générales sur les Matières colorantes organiques artificielles, par Jules MAMY ; 1 volume in-16, 72 pages. . . . . 1 fr. 50

Distillation. — Alcools. — Liqueurs.

Guide pratique du Distillateur. Fabrication des Liqueurs. Distillation. — Rectification. — Filtrage. — Tranchage. — Générateurs. — Matières sucrées. — Conserves. — Sirops. — Punchs. — Miels et Hydromels. — Fruits à l'eau-de-vie. — Boissons gazeuses. — Liqueurs de ménage. — Par Édouard ROBINET (d'Épernay) : 1 fort volume in-16, 424 pages. — Prix. . . . . 5 fr.

Un Guide du Liquoriste comprenant non seulement la fabrication industrielle des liqueurs, mais encore toutes les recettes connues utilisables par un ménage, manquait dans la série des ouvrages publiés jusqu'à ce jour, c'est cette lacune que nous avons comblée.

Manuel pratique de la Fabrication des Alcools. Alcools de vin, de cidre, de poiré, de betteraves. de mélasses, etc., par E. ROBINET et CANU ; in-16, 32 figures dans le texte. — Prix. . . 3 fr.

Distillation. Traité ou Manuel complet théorique et pratique de la distillation de toutes les matières alcoolisables : grains, pommes de terre, vins, betteraves, mélasses, etc., contenant la description de tous les principaux appareils connus et en usage dans la pratique, par Charles STAMMER ; 1 vol. grand in-8°, 452 pages, accompagné de 88 fig. dans le texte et de nombreux tableaux. Cartonné toile anglaise (1880). — Prix. . . . . 20 fr.

Dynamos.

Les Machines dynamo-électriques. De leur origine jusqu'aux derniers types industriels, par P. CLÉMENCEAU, ingénieur des Arts et Manufactures. — 1 vol. in-16 avec 116 fig. dans le texte. — Prix. . 5 fr.
TABLE DES MATIÈRES. — Théorie de l'induction. — De la machine dynamo-électrique. — Historique et machines diverses. — Anneau Gramme et modifications. — Machines dynamo-électriques à courants alternatifs. — Machines

magnéto-électriques à courants alternatifs. — Machines à courant continu et induit en forme d'anneau. — Machines dynamo-électriques à induit en forme de bobine ou tambour cylindrique. — Machines dynamo-électriques à courants alternatifs. — Machine magnéto-électrique. — Machine à induit en forme de disque. — Notions pratiques relatives aux machines dynamos.

Eaux.

Manuel pratique d'Analyse micrographique des Eaux, par P. FABRE-DOMERGUE, directeur du Laboratoire de Zoologie maritime; in-16, 10 fig. — Prix. . . . . 1 fr. 50

École Centrale des Arts et Manufactures.

(Portefeuille des Travaux de Vacances, voir deuxième partie du Catalogue.)

Électricien. — Manuels d'Électricité. — Lumière Électrique.

Manuel pratique du Monteur-Electricien. Le Mécanicien-chauffeur-électricien. — Montage et conduite des installations électriques, etc., par J. LAFFARGUE, ingénieur-électricien, attaché au service municipal de contrôle des Sociétés d'électricité de la Ville de Paris. — Petit in-8°, reliure anglaise, 1012 pages, 700 figures et 5 planches en couleurs. — Septième édition 1904. — Prix. . . . . 10 fr.

. Cet ouvrage rendra d'éminents services, d'abord aux monteurs et aux chauffeurs, mais aussi aux ingénieurs et aux chefs d'industrie. Aucun ouvrage analogue ne peut lui être comparé. Il y a abondance de livres sur l'électricité, mais, aucun que nous sachions, ne groupe dans un exposé aussi méthodique, aussi clair, autant de renseignements pratiques. C'est là l'originalité de l'ouvrage. L'auteur, comme on dit, met la main à la pâte, et il ne craint pas d'insister sur les menus détails. Avec lui, on ne se contente pas de la théorie, on fait du métier. Sous sa direction, on devient vite expert dans l'art de manier les machines, les distributeurs électriques et leurs accessoires. Au fond il s'agit d'un cours d'électricité industrielle fait par un ingénieur très compétent. M. Laffargue a professé ce cours depuis des années à la fédération professionnelle des chauffeurs de France et d'Algérie; plus que personne, il a compris comment il fallait s'y prendre pour familiariser ses auditeurs avec les petites difficultés d'ordre pratique qui gênent les débutants, aussi a-t-il réussi à écrire un livre que nous ne craignons pas de qualifier de « modèle du genre ».

Ce Manuel est d'ailleurs complet sous sa dernière forme. Production de l'énergie, dynamos à courants continus alternatifs, polyphasés, accumulateurs, transformateurs, appareils de mesure, canalisations, installations publiques et privées, etc. N'insistons pas davantage. Ce qu'il importe que l'on sache, c'est qu'il existe maintenant un manuel, un vrai guide pratique du monteur, un *vade-mecum* de l'électricien. Ce livre rendra de véritables services à l'industrie.

Les Lampes électriques. Régulateurs. — Incandescence, par

P. d'Urbanitzki. — Deuxième édition française, revue et augmentée, par Georges Fournier, ingénieur-électricien. — Un beau volume in-16 de 250 pages avec 126 figures dans le texte. — Prix. . . . . . . **4 fr 50**

Manuel pratique de l'installation de la Lumière électrique, par J.-P. Anney, ingénieur-électricien.

1re partie. — Installations privées. — Troisième édition. — 1 beau volume in-16 de 344 pages, avec 135 figures dans le texte. — Prix. . . . . . **5 fr.**

2me partie. — Stations centrales. — 1 beau volume in-16, avec 99 figures dans le texte et 10 planches dont 8 en couleurs. — Prix . . . . **7 fr.**

Extrait de la Table des Chapitres. — 1er volume. — *Installations privées*, avec 135 figures dans le texte. — Règles générales d'installation. — Moteurs. — Machines électriques. — Installation des machines et leur entretien. — Accumulateurs — Lampes à arcs. — Bougies. — Lampes à incandescence. — Appareils de mesure. — Appareils de sécurité et de contrôle. — Interrupteurs et commutateurs. — Régulateurs de courant. — Tableaux de distribution. — Conducteurs. — Installations et canalisations. — Installations particulières.

2me volume. — *Stations centrales*, avec 99 figures dans le texte et 10 planches. — Distributions de courant. — Distributions à haute tension. — Distributions par transformateurs à courants continus. — Distributions par transformateurs à courants alternatifs. — Compteurs. — Etablissement des usines. — Etablissement du réseau. — Installations intérieures chez les abonnés.

L'Électricité dans la Maison moderne, par Ernest

Coustet, ingénieur-électricien. — Production du courant. — Éclairage. — Chauffage. — Moteurs domestiques. — Assainissement. — Sonneries. — Horloges. — Téléphone. — Paratonnerres. — 1 fort volume in-16, avec 185 figures (1900). — Prix cartonné. . . . . **4 fr. 50**

Câbles d'Éclairage électrique et Distribution de l'Électricité, par Stuart A. Russel. — Traduit avec l'autorisation

de l'auteur par G. Formentin. — 1 fort volume in-16, avec 107 figures dans le texte. — Prix, reliure toile anglaise. . . . . **6 fr.**

Aide-Mémoire de l'Ingénieur-Électricien. Recueil de

tables, formules et renseignements pratiques à l'usage des électriciens, par
G. Duché, B. Marinovitch, E. Meylan et G. Szarvady. — Sixième tirage,
augmenté par P. Juppont, ingénieur des Arts et Manufactures. — 1 beau
volume in-16, nombreuses figures intercalées dans le texte, cartonnage anglais.
Prix . . . . **6 fr.**

Catéchisme d'Electricité pratique. Premières leçons à la

portée de tous. — Électricité statique — Magnétisme — Unités et
Mesures. — Piles. — Accumulateurs. — Machines dynamo et magnéto-électriques. — Lampes et Éclairage. — Téléphonie. — Sonneries. — Par Ernest
Saint-Edme, ancien professeur de physique à l'École Turgot. — 1 volume
in-16 avec 73 fig., cartonné, deuxième édition. — Prix . . . . . **2 fr. 50.**

Table des Chapitres. — Chapitre I. Généralités sur l'électricité statique. —
Chapitre II. Magnétisme. — Chapitre III. Unités et Appareils de mesure. —
Chapitre IV. Les Piles électriques. — Chapitre V. Accumulateurs. — Chapitre VI.
Les Machines magnéto et dynamo-électriques. — Chapitre VII. L'Éclairage et les
Lampes électriques. — Chapitre VIII. Tableaux de distribution ; conducteurs ;
installations de lignes. — Chapitre IX. Téléphonie. — Chapitre X. Sonneries
électriques.

L'Électricité industrielle à la portée de tous,

par Cl. Crécher, Ingénieur, Professeur du cours d'électricité de la Ville du
Havre. — 1 beau volume in-8°, 325 pages, 224 figures. — Prix. **2 fr. 50**

Les Compteurs d'Électricité, par Ernest. Combtet. 1 beau

volume in-16 avec 56 figures dans le texte. — Prix . . . . **2 fr. 50**

Dégagé de principes abstraits et de calculs compliqués, cet ouvrage a été rédigé
de façon à être accessible à tous. Il pourra être mis utilement entre les mains du
monteur chargé de placer les compteurs, de les régler, de les vérifier et de les
nettoyer. L'employé qui recueille chaque mois les indications des totalisateurs, en
vue du calcul de la dépense, le consultera avec fruit. Enfin, l'abonné lui-même
pourra y trouver des notions intéressantes, lui permettant de se rendre compte de
la marche du compteur installé chez lui, de reconnaître si les factures qui lui sont
présentées correspondent bien aux indications des cadrans et de vérifier si ces
dernières sont exactement en rapport avec sa consommation effective.

Électrolyse (Voir Galvanoplastie.)

L'Électrolyse et l'Électro - Métallurgie, par Edouard

Jafing, ingénieur-électricien. — Troisième édition française, augmentée d'un
appendice sur l'électro-métallurgie à l'exposition de 1900, par L. Guillet,
ingénieur-chimiste, 1 volume in-16 illustré de nombreuses figures dans le
texte. — Prix . . . . **4 fr.**

Encres et Cirages.

Fabrication des Encres et Cirages. *Encres à écrire, à copier, métalliques, à dessiner, lithographiques. — Cirages, vernis et dégras.* — Encres à écrire. — Matières premières. — Constitution chimique. — Fabrication des encres à l'acide tannique. — Encres à l'acide gallique. — Encres au campêche. — Encres au sesquioxyde de fer. — Encres à l'alizarine. — Encres de matières extractives. — Encres à copier. — Encres hectographiques. — Encres de sûreté. — Extraits d'encres et encres en poudre. — Conservation de l'encre. — Encres de couleur. — Encres métalliques. — Encres solides. — Encres et crayons lithographiques. — Crayons autographiques. — Crayons d'encre. — Crayons de couleur. — Encres à marquer. — Encres spéciales. — Encres sympathiques. — Encres pour timbres et tampons. — Bleu d'azurage du linge. — Fabrication du cirage pour chaussures, des vernis, et de la graisse pour le cuir. — Fabrication du noir d'os. — Fabrication du dégras. — Édition française, par DESMAREST, d'après LEHNER et BRUNNER. — 1 volume in-16 de 345 pages. — Prix. . . . **5 fr.**

Fécule.

Fabrication de la Fécule et de l'Amidon, par J. FRITSCH, chimiste ; in-16 avec 112 figures. — Prix. . . . . **6 fr.**

Filets de pêche.

Fabrication et Emploi des Filets de Pêche, par le commandant VANNETELLE ; 1 vol. in-16, 64 figures. — Prix. . . . . . **3 fr.**

Galvanoplastie (Voir ELECTROLYSE).

Manuel de Galvanoplastie. Dorure, argenture, cuivrage, nickelage, étamage, par Georges BRUNEL ; 1 volume in-16, avec 28 fig. dans le texte. — Prix . . . **4 fr.**

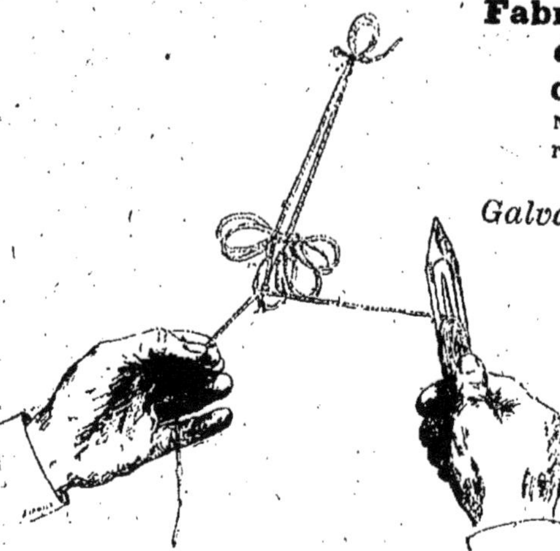

Fabrication des filets de pêche.

Galvanoplastie. — Décomposition électrolytique. — Appareils. — Sources d'électricité. — Piles. — Machines dynamos. — Accumulateurs. — Préparation des surfaces. — Moulage. — Métallisation. — Mise au bain. — Galvanotypie.

Électrochimie. — Préparation des surfaces. — Décapages. — Dorure à froid, à chaud. — Dédorage. — Extraction de l'or des vieux bains. — Argenture. — Conduite de l'opération. — Résumé des opérations. — Désargenture. — Extraction de l'argent des vieux bains. — Argenture des miroirs et des glaces. — Cuivrage. — Laitonisage. — Nickelage. — Préparation des pièces. — Conduite de l'opération. — Dénickelage. — Divers métaux. — Zingage. — Ferrage et aciérage. — Platinage. — Aluminiage. — Plombage. — Étamage. — Antimoniage. — Cobaltisage.

Dépôts métalliques par simple immersion. — Finissage des pièces. — Procédés, Recettes et tours de main. — Dorure au trempé. — Dorure de l'aluminium. — Argenture au trempé. — Cuivrage au trempé. — Étamage au trempé. — Antimoniage au trempé. — Ors de couleur. — Argent et vieil argent. — Epargnes. — L'anthropoplastie galvanique. — Formules et procédés utiles. — Recettes diverses.

La Galvanoplastie. Histoire et procédés. — Dorure. — Argenture. — Nickelage. — Photogravure sur zinc et cuivre à la portée des amateurs par Paul Laurencin. — 1 volume in-16, 5ᵐᵉ édition, cartonné. — Prix. **3 fr.**

Gaz (Voir Combustibles).

Études sur divers Gaz combustibles, par A. Lencauchez, ingénieur civil.

Production des gaz, des gazogènes et des hauts-fourneaux, épuration et emploi par les moteurs à gaz; 116 pages, 4 planches, 10 figures, 1902. — Prix. . . . . **3 fr.**

Géodésie.

Manuel pratique de Géodésie, par G. Dallet, du Service géographique de l'Armée; in-16, figures dans le texte. — Prix. . . **4 fr.**

Goudrons.

Étude sur les Goudrons et leurs nombreux Dérivés, par Knab, ingénieur-chimiste, grand in-8° de 102 pages avec 8 fig. (1884).— Prix. . . . . **3 fr.**

Horlogerie.

L'Horlogerie électrique, par A. Tobler, professeur à l'École polytechnique de Zurich. Édition française revue et augmentée, par L. de Belfort de la Roque, ingénieur civil. — Un volume in-16, avec 65 figures dans le texte. — Prix. **3 fr.**

TABLE DES MATIÈRES. — Unités de mesures. — Unités fondamentales, système C. G. S. — Unités géométriques. — Unités mécaniques. — Unités électro-magnétiques. — Introduction. — Appareils à cadrans sympathiques et régulateurs. — Horloges de Wheatstone, Bain, Garnier, Stohrer, Fritz, Bréguet, Siemens et Halske, du chemin de fer de Droz, de Houdin-Callaud et Mildé, Gloesener, Hipp. Arzberger. — Appareil de contact à mercure de Leclanché et Napoli, et de E. Lias. — Remise à l'heure. — Systèmes de Bréguet, de Collin. — Réglages des horloges à Berlin, à Paris. — Système de Barraud et Lund. — Système de Hipp.

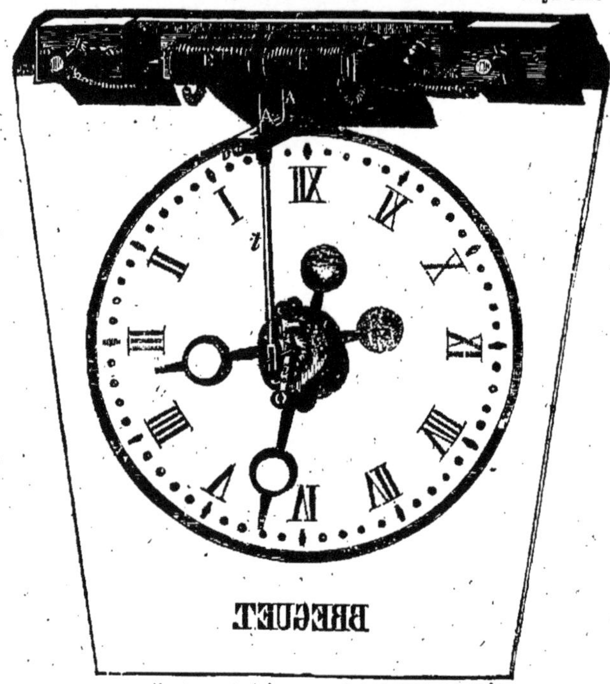

Horloge électrique, système BRÉGUET.

— Horloges à pendules électriques de Liais et de Kramer. — Horloge à pendule de Hipp. — Horloge de Schweizer. — Pendules à remontoir électrique. — Pendules à remontoir Mouilleron et Anthoine. — Pendule de Callaud. — Horloge de M. Bréguet. — Pendule électrique à remontoir et à sonnerie, système Japy frères et Cie. — Horloges électriques, système Château. — Horloges à remontage électrique.

Houille.

La Houille. Épuration, criblage, triage et lavage de la houille, par A. BURAT, ingénieur, professeur à l'École centrale des Arts et Manufactures; in-4° avec 8 planches in-folio (1881). — Prix . . . . **10** fr.

Ingénieur.

Carnet de l'Ingénieur. Recueil de tables, de formules et de renseignements usuels et pratiques sur l'industrie, chimie, physique, mécanique, machines à vapeur, hydraulique, résistance, frottements, etc., à l'usage des ingénieurs, des constructeurs, des architectes, des chefs d'usines, des mécaniciens, des directeurs et conducteurs de travaux, des agents-voyers, des manufacturiers et des industriels; par une réunion d'ingénieurs et de savants français et étrangers (Carnet Lacroix); 1 volume in-16, relié toile, format de poche, 400 pages petit texte compact, avec nombreuses figures, etc. — 53ᵐᵉ tirage. — Prix. . . . . **4 fr. 50**

Irrigations.

Irrigations du Midi de l'Espagne, par M. Aymard, ingénieur des Ponts et Chaussées; in-8°, 320 pages et atlas de 16 planches in-fol. — Publié à 30 fr. (1864). — Prix. . . . . **18 fr.**

Tout le monde sait que des résultats merveilleux ont été obtenus dans le Midi de l'Espagne, contrée autrefois aride et dévastée par les torrents; mais peu de personnes connaissent les travaux qui ont amené ces résultats, et pourraient dire par quelles combinaisons administratives on a pu grouper et réunir en faisceau toutes les volontés qui ont concouru à créer l'état de choses existant et qui concourent à le maintenir et à l'améliorer.

L'ouvrage de M. Aymard est tellement rempli de faits et présente, sur une foule de points, des renseignements si détaillés et si étendus, qu'il est presque impossible de l'analyser. Il donne une description détaillée des travaux à l'aide desquels on a créé les irrigations. L'auteur a aussi consacré un chapitre fort complet à l'alimentation des villes qu'il a visitées.

Laine.

Travail des Laines cardées. Cardage et filage, par A. Lohrisch, édition française, par H. Danzer, ingénieur; in-8°, 86 pages et 52 figures. Prix. . . . . **3 fr.**

Lait.

Laiterie, Beurre et Fabrication des Fromages. Lait. — Analyse. — Conservation. — Écrémage. — Barratage. — Conservations. — Fromages mous, frais, affinés, cuits, etc., par E. Rigaux, professeur à l'École d'Agriculture de Mende, 320 pages, 73 figures. — Prix . . . **3 fr.**

Laminage.

Manuel pratique de Laminage du Fer. Principe du laminage. — Influence du diamètre des cylindres. — Influence de la vitesse. — Influence de la nature, de l'état calorique et de la manière dont on présente le fer aux cylindres. — Applications des principes du laminage. — Classement des trains de laminoirs. — Règle du tracé des cannelures. — Classification des trains de laminoirs. — Trains de puddlage. — Gros train n° 1. — Gros train n° 2. — Train cadet. — Train à guides. — Train mixte.

— Train machine. — Généralités sur les cylindres. — Classification des cylindres. — Lignes des cannelures. — Entrée des cannelures. — Sortie des cannelures. — Guidage des cylindres. — Levage des cylindres. — Montage des cylindres dans les cages. — Guidage du fer à l'entrée et à la sortie des cylindres. — Tracé des cannelures.

Acier : Dégrossisseurs ogives. — Dégrossisseurs carrés. — Mises du puddlage. — Fers plats. — Gros ronds. — Gros carrés. — Feuillards. — Fers en U. — Fers à T doubles-cornières. — Fers à simple T. — Fers à paumelles. — Fers zorès. — Rails. — Fers à bourrelets. — Fers demi-ronds. — Vitrages et demi-vitrages. — Fers à nœuds pour crampons. — Petits carrés aux guides. — Petits ronds droits aux guides.

Par F. NEVEU et L. HENRY, ingénieurs-métallurgistes; 1 volume in-16, avec 6 figures et 10 tableaux et atlas de 117 planches in-folio. — Prix. . **40 fr.**

Mécanique et Machines (Voir CHAUFFEURS).

Éléments proportionnels de Construction mécanique,
disposés en séries propres à faciliter l'étude et l'exécution des diverses pièces détachées des constructions mécaniques, par D.-A. CASALONGA, ingénieur civil, ancien élève des Arts et Métiers; 1 vol. cartonné, grand in-4°, comprenant un texte et 64 planches. — Prix . . . . **25 fr.**

Le but de cet ouvrage est de permettre de déterminer rapidement par une simple lecture et d'une façon précise, les dimensions des divers détails d'une construction mécanique donnée.

Il se compose d'un texte et de planches comprenant les figures des pièces étudiées et divers tableaux donnant toutes les dimensions des séries les plus employées.

Cet ouvrage contient 2,405 séries et 37,734 dimensions diverses.

Les dessinateurs-mécaniciens, les chefs de travaux ou de bureaux de dessin, les ingénieurs pour la construction, trouveront un aide efficace et un contrôle sûr dans la possession de ces documents, où ils puiseront les détails des projets dont ils auront déterminé les conditions principales.

Catéchisme des Chauffeurs et des Machinistes.
Législation. — Combustion. — Conduite. — Entretien. — Mise en marche. — Organes. etc., 5me édition revue et augmentée, in-16, figures dans le texte. Prix, cartonné . . . . **1 fr. 50**

Des Régulateurs appliqués aux Machines à vapeur
par V. LEBEAU, in-8°, 19 figures (1890). — Prix . . . . **2 fr.**

Manuel de l'Ouvrier Mécanicien.
8 volumes in-16 avec nombreuses figures dans le texte, par M. Georges FRANCHE, ingénieur-mécanicien (Arts et Métiers, E. C. P).

1re Partie. — *Principes de Mécanique générale :* Statique, Cinématique, Dynamique, Théorie de la chaleur. — In-16 cartonné, figures 1 à 95. — Prix . . . . **2 fr.**

2me Partie. — *Outils, Machines-Outils :* Travail du bois. — Travail des métaux. — In-16 cartonné, figures 96 à 174. — Prix . . . . **2 fr.**

3me Partie. — *Forge et Fonderies* : Travail du fer. — Travail du cuivre. — In-16 cartonné, figures 175 à 317. — Prix . . . . **2 fr.**

4me Partie. — *Engrenages et Transmissions* : Engrenages cylindriques, coniques, hélicoïdaux. — Transmissions fixes. — Arbres. — Poulies. — Flexibles. — In-16, cartonné, figures 318 à 406. — Prix . . . . . **2 fr.**

5me Partie. — *Boulons, Rivets, Chaudronnerie* : Assemblage. — Filetage et taraudage. — Chaudronnerie de fer. — Chaudronnerie de cuivre. — Chaudières. — In-16 cartonné, figures 407 à 573. — Prix . . . . . **2 fr.**

6me Partie. — *Machines à vapeur* : Principes. — Fonctionnement. — Machines à vapeur. — Turbo-Moteurs. — Conduite. — Graissage. — Régulateurs. — Précautions générales. — Figures 574 à 700. — Prix . . . . **2 fr.**

7me Partie. — *Moteurs fixes à gaz et à pétrole* : Historique. — Théorie. — Moteurs divers à pétrole. — Moteurs à gaz pauvres. — Moteurs spéciaux. — Moteurs à combustibles quelconques. — Figures 701 à 801. — Prix.. **2 fr.**

8me Partie. — *Moteurs hydrauliques, Roues, Turbines, Pompes* : Théorie et généralités. — Roues hydrauliques. — Tracés. — Roues diverses. — Turbines, Dispositions générales, Turbines diverses. — Pompes à pistons, centrifuges. — Figures 802 à 872. — Prix.. . . . . **2 fr.**

Les volumes réunis, cartonnage toile anglaise. — Prix.. . . . . . **15 fr.**

Cours de Chaudières et de Machines à vapeur.

Théorie et pratique, par L. POILLON, ingénieur-mécanicien (1877) avec supplément (1879), 2 beaux volumes in-8°, 687 pages et 14 planches. — Publié à **30 fr.** — Réduit à . . . . **7 fr. 50**

Mines. — *Minéralogie.* — *Lithologie* (Voir SONDAGES).

Manuel pratique du Prospecteur. — Guide du prospecteur

et du voyageur pour la recherche des métaux et des minéraux précieux, par J.-W. ANDERSON. — Édition française, d'après la huitième édition anglaise, par J. ROSSET, ingénieur civil des Mines. — In-16, 73 figures dans le texte (1901). Prix : cartonné toile, **5 fr.** ; broché. . . . . **4 fr. 50**

Cours de Minéralogie professé à l'École Cen-

trale, par DE SELLE, professeur à l'École Centrale. — Minéralogie : phénomènes actuels. Les dix-huit premiers chapitres traitent des phénomènes qui ont bouleversé notre globe; les chapitres suivants traitent de la minéralogie et donnent la description de toutes les espèces et variétés minérales considérées comme indiscutables et classées par familles; 1 fort volume de 585 pages in-8° et 1 atlas de 147 planches comprenant 978 figures et 27 tableaux. (Publié à 25 fr.). — Prix. . . . . **7 fr. 50**

Lithologie du fond des Mers, publié sous les auspices de

MM. les Ministres de la Marine et des Travaux publics, par M. DELESSE, ingénieur en chef des Mines, professeur à l'École des Mines. — 1 volume in-8°, 480 pages de texte; 1 volume de 136 pages de tableaux et un atlas de 4 planches in-folio, en couleurs (Publié à 35 francs). — Prix . . **7 fr. 50**

Navigation.

La Navigation Sous-Marine. Bateaux sous-marins historiques.—
Bateaux sous-marins actuels ; par A.-M. VILLON. — 1 vol. in-16, 11 figures. —
Prix . . . . **1 fr. 50**

Or.

L'Or. Gîtes aurifères. Extraction de l'Or. Traitement
du minerai. — Emplois et analyse de l'or. — Vocabulaire des termes aurifères.
— Par H. DE LA COUX, ingénieur-chimiste ; 1 beau volume in-16, nombreuses
figures dans le texte. — Prix. . . . . **5 fr.**

Parfumerie.

Manuel du Parfumeur. Odeurs, essences, extraits et vinaigres de
toilette, poudres, sachets, pastilles, émulsions, pommades, dentifrices ; par
W. ASKINSON ; 2ᵐᵉ édition française, par G. CALMELS. — Histoire de la parfumerie. — Matières odorantes en général. — Matières odorantes extraites du
règne végétal. — Matières animales. — Produits chimiques. — Préparation
des matières odorantes. — Des falsifications des huiles essentielles. — Essences
et extraits. — Parfumerie proprement dite. — Parfums de mouchoirs.
— Parfums ammoniacaux. — Des parfums secs. — Pastilles fumigatoires.
— Parfumerie cosmétique et hygiénique. — Préparation des émulsions, des
poudres, des pâtes, du lait végétal et des crèmes. — Des préparations
employées pour l'hygiène des cheveux et de la bouche. — Parfumerie
cosmétique. — Fards et produits servant à embellir la peau. — Préparation
pour colorer les cheveux et préparations épilatoires. — Cires, bandolines et
brillantines. — Des couleurs employées en parfumerie. — 1 fort volume in-16
avec 30 figures dans le texte. — Prix . . . . **6 fr.**

Les Huiles essentielles, par E. GILDEMEISTER et FR. HOFFMANN.
Traduction par A. GAULT, avec préface de A. HALLER, professeur à l'Université
de Paris. — Historique des procédés et appareils distillatoires. — Préparation
des huiles par la distillation. — Principes constituants. — Essai des huiles
essentielles. — Plantes d'où l'on tire les huiles essentielles. — Origine,
production, propriétés. — Composition et commerce des huiles essentielles.
1 vol. in-8°, 868 pages, avec 84 gravures et 2 cartes 1900, 1/2 reliure avec
coins tranches marbrées . . . . **25 fr.**

Phonographe.

Le Phonographe et ses applications, par A.-M. VILLON,
ingénieur. — 1 volume in-16, avec 36 figures dans le texte. — Prix. **2 fr.**

Photographie.

Photographie. Encyclopédie de l'Amateur-Pho-
tographe, par MM. G. BRUNEL, P. CHAUX, E. FORESTIER et A. REYNER ;
10 volumes in-16, près de 500 figures dans le texte. — Prix (les 10 volumes
dans un élégant étui) . . . . **20 fr.**
On vend séparément chaque volume. . . . . **2 fr.**

Voici les titres des volumes et l'analyse des matières que chacun renferme. On pourra ainsi juger du plan adopté pour cette *encyclopédie* appelée, croyons-nous, à rendre les plus grands services, aussi bien aux débutants qu'aux amateurs exercés.

N° 1. — Choix du matériel et installation du laboratoire. — Ce que c'est que la photographie. — Théorie abrégée. — Formation des images. — Image latente. — Corps sensibles, leur révélation. — Termes photographiques. — Différents appareils. — Les diaphragmes, les obturateurs. — Le laboratoire élémentaire ou complet, comment on l'installe. — Les accessoires. — Les produits, leur conservation. — Conditions hygiéniques du laboratoire, par G. Brunel et E. Forestier. — Prix . . . . . . **2 fr.**

N° 2. — Le sujet. — Mise au point. — Temps de pose. — Classement des opérations. — Choix du sujet. — Son éclairage. — Station et mise au point. — Le temps de pose. — Composition des vues, par G. Brunel. — Prix . . . . **2 fr.**

N° 3. — Les clichés négatifs. — Les plaques sensibles. — Les pellicules. — Mise en châssis. — Le développement. — Les révélateurs, leur action. — Choix de révélateurs. — Formules simples et précises. — Les révélateurs à un bain, à deux bains. — Les révélateurs automatiques. — Fixage. — Lavage. — Alunage. — Séchage. — Vernissage. — Conservation des négatifs. — Répertoire des clichés. — Par G. Brunel et E. Forestier. — Prix . . . . **2 fr.**

N° 4. — Les épreuves positives. — Les épreuves positives. — La préparation du papier sensible. — Différents papiers fournis par l'industrie. — Différents bains. — Les viro-fixateurs. — Virage, fixage. — Lavage, séchage. — Finissage. — Collage, montage, satinage. — Préparation d'un album. — Par G. Brunel. — Prix . . . . **2 fr.**

N° 5. — Les insuccès et la retouche. — Mauvais négatifs, mauvais positifs ; causes, discussions, recherches. — Moyens d'éviter les insuccès — Remèdes. — Bains compensateurs. — La retouche des clichés et des photocopies. — Par G. Brunel. — Prix . . . . **2 fr.**

N° 6. — La photographie en plein air. — Appareils spéciaux. — Détectives et jumelles. — La photographie instantanée. — Les sujets, conditions qu'ils doivent remplir. — La pose. — Les opérations de laboratoire. — La photographie scientifique, topographique, ethnographique, beaux-arts, par G. Brunel et P. Chaux. — Prix . . . . **2 fr.**

N° 7. — Le portrait dans les appartements. — Disposition et éclairage. — Les objectifs. — La mise au point. — Les écrans. — La pose et le maintien du modèle. — Différents procédés. — Conduite des opérations, par A. Reyner. — Prix . . . . **2 fr.**

N° 8. — **Les agrandissements et les projections.** — Les agrandissements et les réductions. — Les projections. — Les positifs sur verre. — Epreuves sur opale. — Epreuves artistiques, par G. BRUNEL. — Prix . . . . **2 fr.**

N° 9. — **Les objectifs et la stéréoscopie.** — Quelques notions d'optique. — L'objectif photographique. — Différentes formes. — Classement. — Défauts, qualités. — Choix des objectifs. — Essai des objectifs. — Détermination et comparaison de la valeur des objectifs. — La photographie stéréoscopique, par G. BRUNEL. — Prix . . . . **2 fr.**

N° 10. — **La photographie en couleurs.** — Positifs colorés sur verre et sur papier, monochromes et polychromes. — Les différents tons pouvant être obtenus à l'aide du bain de virage. — La photographie des couleurs. — La photominiature et la photopeinture, par G. BRUNEL. — Prix . . . . **2 fr.**

Nouveau traité complet de Photographie pratique,
contenant les découvertes les plus récentes, par A. LIÉBERT, artiste photographe à Paris ; 4me édition augmentée d'un appendice théorique et pratique sur le gélatino-bromure, 1 beau volume in-8° de 700 pages, 77 figures et 18 photographies, cartonnage élégant, toile anglaise avec plaque spéciale (1884, publié à 25 fr.). — Prix . . . . **12 fr. 50**

Guide du Photographe et de l'Amateur Photographe,
par PAUL FABRE-DOMERGUE, 1 volume in-16, 128 pages, 48 figures, couverture ornée d'une épreuve instantanée. — Prix . . . . **3 fr.**

Piles (Voir ACCUMULATEURS-ÉLECTROLYSE).

Les Piles électriques et les Piles thermo-électriques,
par W. HAUCK. — Troisième édition française, par G. FOURNIER, ingénieur-électricien. — 1 fort volume in-16, orné de 71 fig. dans le texte. — Prix . . . . **4 fr. 50**

Traité des Piles électriques.
Piles Hydro-Thermo et Pyro-Électriques, par DONATO TOMMASI, docteur ès-sciences, in-16, 139 figures (publié à 12 fr. 50). — Prix . . . . **7 fr. 50**

Radiographie.

Le Radium.
La Radioactivité. — Rayons Becquerel. — Le Radium. — Propriétés physiques, physiologiques et chimiques. — Origine du rayonnement, etc., in-8° avec figures, par JEAN ESCARD. — Prix . . . . **3 fr.**

Manuel pratique de Radiographie.
Pratique des rayons X, par G. BRUNEL. — 1 volume in-16, 56 figures, 3me édition. . — Prix. **1 fr. 50**

Savons (Voir BOUGIES).

Manuel pratique du Savonnier.
Savons communs, savons de toilette, mousseux, transparents, médicinaux, pâtes et émulsions, analyse des savons, par MM. CALMELS et WILTNER, chimistes.

Extrait de la Table des Chapitres : Historique des savons. — Réaction fondamentale de la saponification. — Des matières employées pour la fabrication des savons. — Préparation des lessives alcalines. — Fabrication du savon. — De la saponification en général. — Classification des savons. — Fabrication des

Machine à mouler les savons.

diverses sortes de savons. — Savons médicinaux. — Moulage des savons. — Tableaux de cuisson. — Fabrication des savons par la vapeur. — Fabrication des savons de toilette. — Préparation de la masse destinée à la fabrication des savons de toilette. — Description des machines employées pour la fabrication des savons de toilette. — Couleurs et substances colorantes. — Recettes pour la préparation des savons de toilette. — Analyse des savons. — 1 volume in-16, 26 figures dans le texte. — Prix. . . . . **4 fr.**

Soie.

La Soie artificielle. Cellulose. — Soie à base d'alcool, d'acide acétique, d'hydrate de cuivre, de chlorure de zinc, de viscose. — Procédés divers. — Conclusion, par P. Willems, ingénieur des Arts et Manufactures, in-8° avec échantillon. — Prix. . . . . **4 fr.**

Manuel pratique de la Soie. Education des vers. — Filage des cocons. — Cuite. — Assouplissage. — Blanchiment. — Filature des déchets. — Moulinage. — Conditionnement des soies. — Teinture et dorure de la soie. — Par A. Villon, ingénieur à Lyon ; 1 fort volume in-16, nombreuses figures dans le texte. — Prix. . . . . **6 fr.**

Sondages (Voir MINES).

Manuel pratique de Sondages. Études et recherches souterraines par sondages à de faibles profondeurs, par Ed. LIPPMANN, ingénieur civil. — 1 vol. in-16, avec 5 planches (1901). Prix, cartonné . . . . **4 fr. 50**

Sonneries Electriques.

Les Sonneries électriques. Installation et entretien, par Georges FOURNIER, ingénieur-électricien, d'après O. CANTOR. — Quatrième édition. — 1 volume in-16, avec 59 figures dans le texte. — Prix . . . . . **2 fr. 50**

EXTRAIT DE LA TABLE DES MATIÈRES. — Préface. — Unités électriques. — Introduction. — Les sonneries électriques employées aux usages domestiques. — Les appareils avertisseurs automatiques. — Installation et pose des circuits et appareils. Règles à observer. — Exemple de pose et d'installation. — Calcul des intensités de courant nécessité dans la pratique. Exemples. — Les sonneries électromagnétiques.

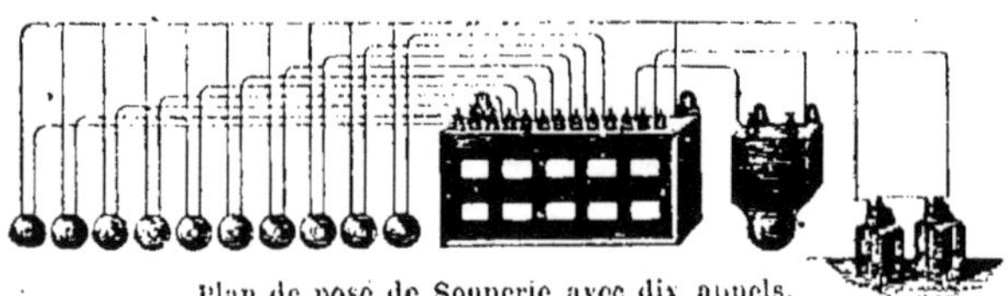

Plan de pose de Sonnerie avec dix appels.

Album de 32 plans de pose de sonneries électriques, par S. DENIS, fils aîné, constructeur-mécanicien. — Troisième tirage, in-12 oblong. — Prix. . . . . **1 fr.**

Sucre.

Manuel du Fabricant de Sucre. Sucre de betteraves, de cannes; par P. BOULIN, chimiste-industriel; 1 beau volume in-16, 30 figures dans le texte (1889). — Prix. **6 fr.**

Fabrication du Sucre (Traité complet théorique et pratique de la). — Guide du fabricant, par le Dr Charles STAMMER; 1 volume gr. in-8°, 718 pages avec 165 figures, nombreux tableaux dans le texte et 3 planches. Cartonné. (1875). — Prix. . . . . **20 fr.**

Manuel pratique de Diffusion. Historique. — Théorie. — Diffusion. — Contrôle. — Rendements. — Devis. — Installation, par ÉLIE FLEURY et ERNEST LEMAIRE, in-8° (1880). — Prix réduit . . . . **3 fr.**

Tabac.

Tabac. Description historique, botanique et chimique. — Climat. — Culture. — Frais. — Produits. — Mode de dessiccation. — Séchoirs. — Conservation. — Commerce; par V.-P.-G. DEMOOR. — In-18, 130 pag., 20 fig. — Prix. **2 fr.**

Teinture (Voir Couleurs).

Manuel pratique du Teinturier. Matières colorantes, par J. Hummel, directeur du Collège de Teinture de Leeds. Édition française, par M. F. Dommer, professeur à l'École de physique et de chimie industrielles. — 1 fort volume in-16, 80 figures dans le texte.

Le Traité de la Teinture des Tissus, du professeur Hummel, est le livre classique des teinturiers anglais.

Machine pour exprimer le fil à teindre en rouge turc.

Nous avons pensé qu'il ne serait pas sans intérêt, pour les teinturiers français, de connaître cet ouvrage, où le praticien trouvera, à côté de la théorie, la pratique raisonnée des opérations de teinture, en même temps qu'une étude complète des matières colorantes, considérées au point de vue de leurs applications. — Prix. . **7 fr. 50**

Télégraphie.

Traité de Télégraphie électrique. Cours théorique et pratique à l'usage des fonctionnaires de l'Administration des Lignes télégraphiques, des ingénieurs, constructeurs, inventeurs, employés des Chemins de fer, etc., etc , par E.-E. Blavier, inspecteur des Lignes télégraphiques. — 2 beaux volumes in-8° de 952 pages, avec 413 figures dans le texte (1867) (Publié à 20 fr.). — Prix. **10** fr.

Téléphonie.

Manuel pratique du Téléphone. (1re partie. — Installations privées. — Téléphone. — Microphone et Radiophone, par Théodore Schwartze. — Troisième édition française, par S. Fournier et D. Tommasi. — 1 volume in-16, avec 153 figures dans le texte. — Prix . . . . . 4 fr.

2me partie. — Traité de téléphonie. — Installations industrielles à grande distance, par le Dr V. Wietlisbach. — 1 volume in-16, avec 123 figures dans le texte. — Prix . . . . 4 fr.

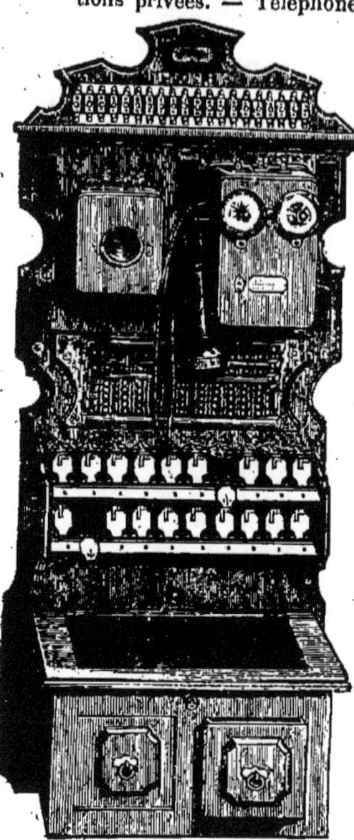

Spécimen des figures de la *Téléphonie Industrielle*.

Tourbe.

La Tourbe. Son extraction et son emploi comme combustible industriel, guide pratique, de la fabrication des briquettes de tourbe et pour leur utilisation générale en métallurgie, en verrerie, en cristallerie et pour le chauffage au gaz, par M. Lencauchez. — 1 volume grand in-8°, avec atlas in-4°. de 17 planches doubles. — Prix. . . . . 7 fr. 50

Transport de la force.

Le Transport de la force par l'Électricité, par Ed. Japing, ingénieur-électricien. — Troisième édition française. — Annoté et augmentée de la description des plus récentes applications du Transport de la force, par M. Marcel Deprez, membre de l'Institut. — 1 volume in-16, avec 49, figures dans le texte. — Prix . . . . 5 fr.

Extrait de la Table. — Introduction du transport de la force en général et en particulier du transport de la force par l'électricité. — Forces naturelles propres à être transmises par l'électricité. — Machines électriques pour la production du courant électro-moteur. — Théorie de la transformation du courant en travail. — Considérations théoriques concernant le rapport de la force à de grandes distances. — Emploi des machines électriques. — Les conducteurs électriques. — La propagation et la distribution du courant électrique. — Distribution du courant électrique. — Transformateurs et accumulateurs. — Procédé pour diminuer les pertes d'énergie. — Applications industrielles. — Rendement économique du Transport de la force par l'électricité. — Appendice. Nouvelles expériences du transport de la force.

Turbines.

Construction des Turbines et des Pompes centrifuges, par Lucien VALLET, ingénieur-constructeur. — 1 volume in-8° et atlas de 15 planches (1875). — Prix. . . . . 15 fr.

Vernis.

Manuel pratique du Fabricant de Vernis. Gommes. — Huiles. — Térébenthines. — Huiles siccatives. — Vernis gras. — Vernis à l'essence. — Vernis à l'alcool, par E. COFFIGNIER, 1 fort volume in-16, avec figures. — Prix . . . . 5 fr.

EXTRAIT DE LA TABLE DES MATIÈRES. — Matières premières. — Analyses des gommes. — Résinates et linoléates. — Les dissolvants. — Huiles végétales. — Les Térébenthines. — La gemme. — Les résineux. — Fabrication des huiles siccatives. — Diverses cuissons. — Fabrication des vernis gras. — Analyse et essai des vernis. — Différents vernis à l'essence. Leur mode de fabrication. — Fabrication des vernis à l'alcool. — Les principaux vernis à l'alcool. — Vernis mixtes. — Vernis au caoutchouc. — Vernis à l'eau.

Vinaigre.

Manuel pratique du Vinaigrier. Méthodes nouvelles de fabrication du vinaigre, par Ch. FRANCHE, ingénieur-chimiste. — Un beau volume in-16, nombreuses figures dans le texte (1901). — Prix . . 4 fr. 50

EXTRAIT DE LA TABLE DES MATIÈRES. — Acide acétique. — Propriétés générales. — Origine chimique de l'acide acétique. — Fermentation acétique. — Choix des liquides pour la fabrication du vinaigre. — Différentes méthodes : Méthode d'Orléans, Méthode Pasteur, Méthode anglaise, Nouvelles Méthodes, etc. — Propriétés, traitement, conservation, emmagasinage. — Essai et analyse du vinaigre. — Falsifications.

Vins (Voir ARBRES FRUITIERS. VIGNE).

Manuel général des Vins (Nouvelle édition revue et corrigée), par Édouard ROBINET (d'Epernay).

Le manuel général des vins dont nous offrons une nouvelle édition au public est naturellement un livre indispensable, non seulement au public spécial, négociants en vins, viticulteurs, etc., mais encore à tous ceux qui possèdent une cave. Les connaissances spéciales, la longue expérience de l'auteur donnent au second volume une importance considérable, et nous ne craignons pas de dire qu'il n'est pas un seul fabriçant de vins mousseux qui ne l'ait consulté avec fruit.

Le troisième volume forme un guide d'analyse des vins, mettant cette science si délicate à la portée de tous ; il complète la bibliothèque du négociant, du viticulteur et du simple particulier.

Trois beaux volumes in-16, de 1,366 pages et 136 figures. — Prix. . . 15 fr.

On vend séparément :

Tome Ier. — Vins rouges. — Vins blancs. — Vins artificiels. . . . . . . 5 fr.
Tome II. — Vins mousseux. — Champagnes. . . . . 5 fr.
Tome III. — Analyse des Vins. — Fermentation. — Falsifications. . . . 5 fr.

Note sur la fabrication des vins mousseux dans les pays chauds, par E. ROBINET, 1 vol. in-16, 32 pages. — Prix 1 fr. 50

DICTIONNAIRE

DE

CHIMIE INDUSTRIELLE

COMPRENANT TOUTES LES APPLICATIONS DE LA CHIMIE

à l'Industrie, à la Métallurgie, à l'Agriculture, à la Pharmacie
et aux Arts et Métiers

*avec la traduction russe, anglaise, allemande, espagnole et italienne
de la plupart des termes techniques*

PAR MM.

A.-M. VILLON
INGÉNIEUR-CHIMISTE
PROFESSEUR DE TECHNOLOGIE CHIMIQUE

P. GUICHARD
MEMBRE DE LA SOCIÉTÉ CHIMIQUE DE PARIS
ANCIEN PROFESSEUR DE CHIMIE
A LA SOCIÉTÉ INDUSTRIELLE D'AMIENS

AVEC LA COLLABORATION D'UN GROUPE DE CHIMISTES ET D'INGÉNIEURS

Le but de cette nouvelle Encyclopédie est de réunir, sous une forme facile à consulter, débarrassée de tous les détails théoriques, l'ensemble de nos connaissances actuelles sur la Chimie industrielle. — Elle s'adresse à toute personne appelée à s'occuper, de près ou de loin, des questions si importantes, mais souvent fort embarrassantes, de la chimie appliquée. L'industriel est souvent gêné, lorsqu'il veut se procurer les renseignements dont il a besoin. Les traités spéciaux ne donnent pas entière satisfaction aux nécessités si diverses des exploitations industrielles. Tantôt le document pratique cherché est noyé dans des détails trop théoriques, tantôt il est entouré d'explications plus ou moins claires, qui en rendent la lecture obscure et trop abstraite. — Le chimiste industriel est un expérimentateur. Il faut qu'il soit en état d'user à temps de tous les procédés connus, de toutes les méthodes de contrôle reconnues exactes, sauf à inventer lui-même de nouveaux moyens appropriés aux circonstances au milieu desquelles il se trouve placé.

Mode de publication :

L'ouvrage complet en 36 livraisons, forme 3 vol., petit in-4°.

L'ouvrage broché, au prix de 75 francs, est payable 37 fr. 50 comptant et 37 fr. 50 à trois mois. Reliure en 2 volumes 1/2 chagrin, 5 francs en sus.

Le Tome Ier (fascicules 1 à 12) se vend séparément 30 francs.

Le Tome II (fascicules 13 à 22) se vend séparément 25 francs.

Le tome III (fascicules 23 à 36) se vend séparément 25 francs.

Voir pages 29 et 30 un spécimen réduit d'une page de texte et la nomenclature des fascicules.

Les fascicules sont vendus séparément :

Fascicules 1 à 19, chaque fascicule, 3 francs.

Fascicules 20 à 36, —   —   2 —

Dictionnaire de Chimie Industrielle (*Suite*)

Chaque Fascicule se vend séparément

1 : *Abaca à Acide azotique* ; 46 figures. . . . . **3** fr.
2 : *Acide azotique — Acide phénique* ; 62 figures. . . . . **3** —
3 : *Acide phosphoreux — Acide sulfurique* ; 75 figures . . . . . . **3** —
4 : *Acide sulfurique — Air* ; 44 figures . . . . **3** —
5 : *Air — Alliages* ; 42 figures. . . . . **3** —
6 : *Alliages — Amphibole* ; 54 figures . . . . **3** —
7 : *Amphigène — Auramine* ; 17 figures. . . . . **3** —
8 : *Auramine — Bismuth* ; 37 figures . . . . **3** —
9 : *Bismuth — Broggérite* ; 27 figures. . . . . . **3** —
10 : *Brome — Caoutchouc* ; 48 figures. . . . , . . **3** —
11 : *Caoutchouc — Chlore* ; 55 figures. . . . . . . **3** —
12 : *Chlore — Chromates* ; 50 figures. . . . . **3** —
13 : *Chromates — Corps composés* ; 26 figures . . . . . **3** —
14 : *Corps composés — Dialyseurs* ; 50 figures . . . . **3** —
15 : *Digestion — Eau* ; 66 figures. . . . . **3** —
16 : *Eau — Engrais* ; 23 figures. . . . . **3** --
17 : *Eponges — Explosifs* ; 36 figures. . . . . **3** —
18 : *Farines — Fer, etc.* ; 29 figures. . . . . **3** —
19 : *Fermentation — Fromages, etc.* ; 54 figures. . . **2** —
20 : *Gaiac — Gaz d'éclairage* ; 28 figures. . . . . **2** —
21 : *Gaz — Glucose* ; 12 figures . . . . **2** —
22 : *Glucose — Gypse* ; 13 figures. . . . . **2** —
23 : *Hallosyte — Hydrotimétrie* ; 14 figures . . . . . . **2** —
24 : *Hydrotimétrie— Jaune* : 7 figures . . . . **2** —
25 : *Jaune — Lin* ; 15 figures.. . . . . **2** —
26 : *Linoléum — Monazite* ; 15 figures. . . . . **2** —
27 : *Mordants — Or* ; 25 figures. . . . . **2** —
28 : *Or — Pain* ; 27 figures . . . . **2** —
29 : *Pain — Pétrole* ; 21 figures. . . . . **2** —
30 : *Pétrole — Pommades* ; 5 figures. . . . . **2** —
31 : *Poteries — Sang* . . . . **2** —
32 : *Santal — Soufre* ; 17 figures . . . . **2** —
33 : *Soufre — Teinture* ; 39 figures. . . . . **2** —
34 : *Teinture — Verrerie* ; 37 figures. . . . . . **2** —
35 : *Verrerie — Zircon* ; 20 figures. . . . . **2** —
36 : Complément : *Introduction et Frontispice*. . . . . **2** —

Spécimen réduit d'une page du DICTIONNAIRE DE CHIMIE INDUSTRIELLE

ALDÉHYDE FORMIQUE

voie la masse dans un appareil à distiller et on chasse l'aldéhyde au moyen d'un courant de vapeur barbotante. Quelquefois, on rectifie encore l'aldéhyde ainsi purifiée.

L'aldéhyde benzoïque commerciale ne subit pas cette rectification, qui entraîne à des pertes sensibles.

Propriétés. — L'aldéhyde benzoïque est une huile incolore, très réfringente, possédant une odeur aromatique agréable, rappelant celle des amandes amères et une saveur âcre et brûlante. Elle bout à 180°, sa densité est 1,0504. Elle est soluble dans 30 parties d'eau et miscible, en toutes proportions, avec l'alcool et l'éther.

L'aldéhyde benzoïque est employée en parfumerie et pour la fabrication des couleurs artificielles, comme le vert malachite, le vert brillant, etc.

ALDÉHYDE FORMIQUE. — [Russe : Муравейный альдегид; Angl.: *Formaldehyd*; Allem. : *Ameisenaldehyd, Formaldehyd*; Ital : *Aldeído formico*; Esp. : *Aldehide formico*]

Syn : *Formaldéhyde, Formol, Méthanal*

Formule : CH^2O

Ce corps, découvert par Hoffmann, a été plus spécialement étudié par M. Trillat qui a découvert ses propriétés antiseptiques énergiques.

Pour le préparer, M. Trillat dirige un courant de vapeurs d'alcool méthylique, produites dans une chaudière A (fig. ci-dessous), dans un tube en cuivre B, dont l'ouverture G est conique. Ce jet de vapeur, faisant trompe, aspire l'air qui lui est nécessaire pour son oxydation. Le mélange de vapeurs alcooliques et d'air passe sur de l'amiante platinée E, chauffée au rouge. L'oxyde de cuivre, les corps poreux, tels que

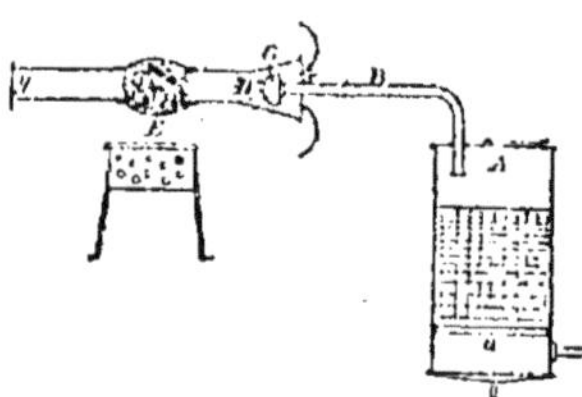

Fabrication de l'aldéhyde formique

le charbon des cornues, la porcelaine, le coke, peuvent remplacer l'amiante platinée. Les vapeurs, qui se dégagent, sont composées d'un mélange d'eau, d'alcool méthylique, de formol et de traces d'acide acétique et formique. On les condense dans de l'eau. On purifie la solution aqueuse en l'évaporant pour chasser l'alcool méthylique et les acides; on peut s'aider du vide. Pour obtenir le formol tout à fait pur, il faudrait passer par sa combinaison bisulfitique.

Le formol, à l'état de solution à 30 ou 40 0/0, est un liquide incolore, sirupeux, d'une odeur piquante. On ne peut l'obtenir plus concentré ; sans cela, il se changerait en trioxyméthylène, qui se déposerait en poudre amorphe.

Le formol n'est pas très volatil ; on peut concentrer ses solutions au bain-marie. Ses vapeurs ne sont pas inflammables.

C'est un antiseptique puissant, à la dose de 1/12000 ; il conserve le bouillon de veau, pendant plusieurs semaines, tandis que le même bouillon, additionné de 1/6000 de bichlorure de mercure, se décompose en 5 ou 6 jours. A la dose de 1/1000, il tue les microbes salivaires en moins de 2 heures.

La viande immergée, pendant 3 minutes, dans une solution d'aldéhyde formique au 1/500, peut se conserver pendant 5 jours ; avec une immersion de 60 minutes, on peut la conserver pendant 25 jours. Les vapeurs d'aldéhyde formique, dégagées d'une solution à 10 0/0, empêchent la corruption de la viande ; en faisant agir ces vapeurs sous pression, la conservation est encore plus longue.

ALE. — V. BIÈRE.

ALEMBROTH — [Russe : Алемвротова соль; Angl. : *Alembrot*; All. *Weisheitssalz*; Ital. : *Alembroth*; Esp : *Alembroth, Sal alembrolli*].

Syn. : *Sel alembroth, Sel de sagesse, Sel de science, Chlorohydrargirate ammoniacal.*

Formule : $2AzH^4Cl^2$, $HgCl^2$, H^2O.

Sel obtenu en mêlant deux solutions, l'une de sel ammoniac et l'autre de bichlorure de mercure, dans les proportions indiquées par la formule ci-dessus. Il est employé en médecine à la place du sublimé.

Le sel d'alembroth insoluble s'obtient en ajoutant de l'ammoniaque à la solution du sel double ci-dessus. Le précipité, lavé et séché, porte les noms de *Lait mercuriel, Mercure précipité blanc, Mercure cosmétique.*

ALDOL. — [Russe : Альдоль; Angl. : *Aldol*; Allem. : *Aldol*; Ital. : *Aldol*; Esp. : *Aldol.*]

Formule : $C^4H^8O^2$.

Produit de condensation de l'aldéhyde. On le prépare en mêlant, peu à peu, 100 g. d'aldéhyde avec 100 g. d'eau, en maintenant la température à 0° C. Ensuite, on ajoute, peu à peu, 200 g. d'acide chlorhydrique refroidi et on abandonne le tout à la lumière diffuse, pendant 5 à 15 jours. Le produit brun est étendu d'eau et neutralisé par le carbonate de soude. On sépare une huile qui vient surnager au-dessus du liquide, on filtre celui-ci et on l'agite avec 12 0/0 de son volume d'éther, à cinq reprises différentes. On chasse l'éther par distillation et on distille le résidu sec en s'aidant du vide. Entre 80 et 100°, sous pression de 2 cm. de mercure, on recueille en l'aldol environ 1/4 du poids de l'aldéhyde mise en œuvre.

REVUE DE CHIMIE INDUSTRIELLE

REVUE

DES PRODUITS CHIMIQUES, COULEURS, TEINTURE, MÉTALLURGIE, DISTILLERIE, PYROTECHNIE
ENGRAIS, COMESTIBLES, ANALYSES INDUSTRIELLES, ÉLECTROCHIMIE

Réunie avec la

Revue de Physique et de Chimie et de leurs applications industrielles

Fondée par **MM. SCHUTZENBERGER** et **LAUTH**

Les années 1890 à 1904 forment 15 beaux vol. in-4°

Prix de chaque vol. : **15** francs

PRIX DES ABONNEMENTS (du 1er Janvier de chaque année)

France. . . . . **12 fr.** | Etranger. . . . . **15 fr.**

Spécimen gratuit à toute personne qui en fait la demande

La faveur toujours croissante avec laquelle le public industriel et savant a accueilli cette publication nous prouve hautement son utilité.

Nous continuerons a tenir nos lecteurs au courant des découvertes, améliorations, méthodes et appareils nouveaux qui viennent chaque jour enrichir le domaine déjà si vaste de l'industrie chimique.

Notre revue reste une tribune ouverte à toutes les observations sérieuses qui peuvent intéresser le public industriel; en faisant appel au zèle et à la sympathie des savants, des ingénieurs et des industriels, nous espérons atteindre plus complètement le but que nous nous sommes proposé et faire œuvre vraiment utile au point de vue des intérêts de l'industrie chimique.

Sommaires de quelques numéros de la Revue

Le caoutchouc naturel, par E. Petitgout. — Revue des travaux récents sur les huiles essentielles, par E. Theulier. — Electrolyseur pour l'affinage du cuivre, par D. Tommasi. — Brevets : Fabrication de vaseline soluble dans l'eau. — Préparation du bornéol, d'isobornéol et de camphre. — Dissolutions de savon à base de phénol ou de crésol rendues consistantes. — Hydrate de glucine pur. — Prussiate de soude. — Extraction du sulfate de zinc et autres sulfures. — Production du meta-cresol à l'aide du cresol brut. — Fabrication des oxydes de l'azote. — Extraction du salpêtre d'ammonium, du salpêtre de soude et du sulfate d'ammoniaque, etc. (Août 1904.)

Le tube de Crookes et le radium dans les applications des rayons X, par H. du Boistesselin. — Progrès de l'Electrolyse et de l'Electrochimie en 1904, par C.-L. Barillet. — Examen industriel de la térébenthine, par J. Cruickshank Smith. — Nouveaux produits et procédés récemment brevetés : Préparation du camphre en partant de l'isobornéol. — Dénaturation au moyen de la carbialine des alcools industriels. — Obtention de l'ammoniaque et du cyanogène par le traitement des gaz. — Oxyde de baryum poreux. — Fabrication d'une matière agglutinante. — Purification des phosphates. — Epuration des gaz arséniés. — Purification et pulvérisation du spath-fluor. — Enduit protecteur et isolateur pour bois et métaux. — Archroo-dextrine par le traitement de la tourbe. — Bichromates et chlorates. — Traitement de la viscose. — Acide azotique au moyen de l'air atmosphérique. — Ethers, alcools, benzines, collodions, etc., etc., rendus incombustibles. — Utilisation du goudron de gaz d'eau. — Sels de plomb, etc. (Septembre 1904.)

Les laques, par Th. Coffignier. — Les progrès de la sidérurgie et leurs causes, par H. Braconnier. — Nouveaux produits et procédés récemment brevetés : Deglycérination des matières grasses. — Appareil ozonisateur. — Epuration des huiles. — Fixation mécanique des filaments de viscose. — Extraction de l'air et du sulfure de carbone de la viscose. — Pulvérisateur en platine-iridium pour chambres de plomb. — Extraction de l'amidon et de la fécule des eaux et des résidus. — Obtention rapide de la soude à l'état de petits cristaux. — Sulfates alcalins naturels. — Coloration du papier, par Ch. Franche, etc.

12-04 3766. — Paris, Typ. MORRIS PÈRE ET FILS

rue Amelot, 64.

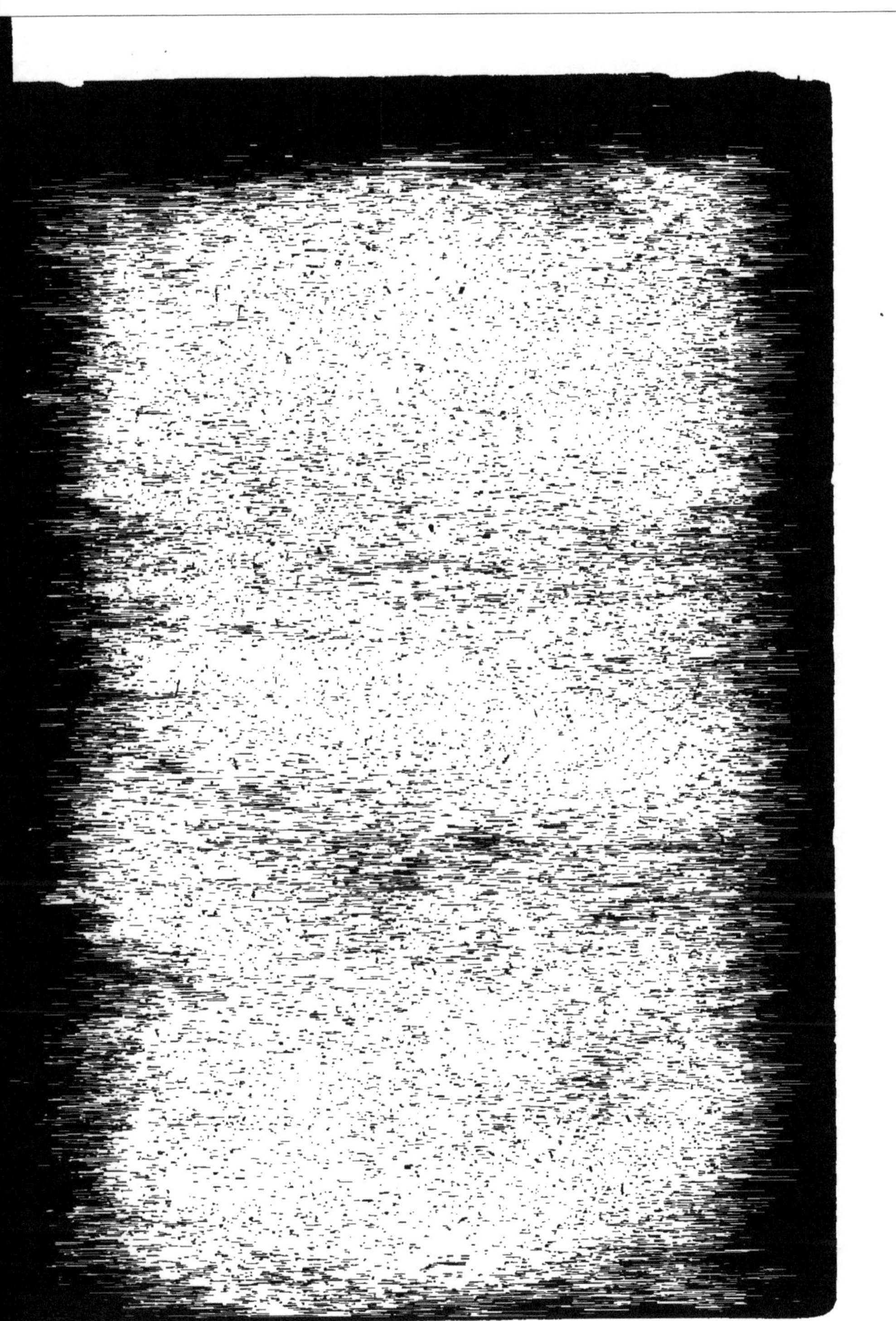

Librairie Bernard TIGNOL, 53 bis, quai des Grands-Augustins. — Paris.

MANUEL

DE

L'OUVRIER MÉCANICIEN

PAR

Georges FRANCHE

Ingénieur-mécanicien. — Arts et métiers. — École Centrale des arts et manufactures. Agent technique de l'Office National de la Propriété industrielle.

8 VOLUMES IN-16, CARTONNÉS, DOS TOILE

PRIX : 15 FRANCS

ON VEND SÉPARÉMENT

Imprimé par les Ouvriers Sourds-Muets (Jules Witschy), 21, villa d'Alésia, Paris